안녕~
나는 소수 요정이야.

소수에 대해
알려줄게~

준비됐지?!!

책의 구성

1 단원 소개

공부할 내용을 미리 알 수 있어요.
건너뛰지 말고 꼭 읽어 보세요.

2 개념 익히기

꼭 알아야 하는 개념을 알기 쉽게 설명했어요.
개념에 대해 알아보고, 개념을 익힐 수 있는
문제도 풀어 보세요.

4 개념 마무리

익히고, 다진 개념을 마무리하는 문제예요.
배운 개념을 마무리해 보세요.

5 단원 마무리

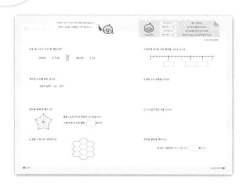

얼마나 잘 이해했는지 체크하는 문제입니다.
한 단원이 끝날 때 풀어 보세요.

3 개념 다지기

이런 순서로
공부해요!

익힌 개념을 친구의 것으로 만들기 위해서는
문제를 풀어봐야 해요.
문제로 개념을 꼼꼼히 다져 보세요.

6 서술형으로 확인

배운 개념을 서술형 문제로
확인해 보세요.

7 쉬어가기

배운 내용과 관련된 재미있는 이야기를
보면서 잠깐 쉬어가세요.

잠깐! 이 책을 보시는 어른들에게...

1. 이 책은 소수에 대한 책입니다. 그런데 소수의 모양을 자세히 살펴보면 소수점이 있을 뿐 소수에 나타나는 수는 이미 앞에서 배웠던 수의 모양입니다. 즉, 소수는 소수점과 1, 2, 3, 4, …와 같은 자연수, 그리고 0으로 이루어진 수입니다.

   자연수는 1부터 1씩 커지는 수들입니다. 그러다가 10이 되고, 100이 되고, 1000이 되고, … 이렇게 10배가 될 때 한 자리씩 늘어나는 십진법의 체계지요. 소수도 마찬가지로, 0.1, 0.2, 0.3, …, 0.9, 1.0, … 과 같이 10이 될 때 한 자리를 나아가는 십진법 체계의 수입니다.

   그렇기 때문에 이 책은 자연수 범위의 수에 대해서 확실히 알고 있는 아이에게 적합합니다.

2. 수학은 단순히 계산만 하는 산수가 아니라 논리적인 사고를 하는 활동입니다. 이 책을 통하여 소수라는 대상에 대해 논리적으로 사고하는 활동을 할 수 있게 해주세요. 그런데 수학에서 말하는 논리적 사고를 하기 위해서는 먼저 정의를 정확히 알아야 합니다. 수학의 모든 내용은 정의에서부터 출발합니다. 정의에서 성질도 나오고, 성질을 이용해서 계산도 할 수 있습니다. 그리고 때로는 기호를 가지고 복잡한 것을 대신 나타내기도 합니다. **수학은 약속의 학문이라는 것을 아이에게 알려주세요.**

3. 이 책은 아이가 혼자서도 공부할 수 있도록 구성되어 있습니다. 그래서 문어체가 아닌 구어체를 주로 사용하고 있습니다. 먼저, **아이가 개념 부분을 공부할 때는 입 밖으로 소리 내서 읽을 수 있도록 지도해 주세요.** 단순히 눈으로 보는 것에서 끝내지 않고 읽어가면서 공부한다면, 내용을 효과적으로 이해하고 좀 더 오래 기억할 수 있을 것입니다.

약속해요

공부를 시작하기 전에
친구는 나랑 약속할 수 있나요?

1. **바르게 앉아서 공부합니다.**

2. **꼼꼼히 읽고, 개념 설명은 소리 내어 읽습니다.**

3. **바른 글씨로 또박또박 씁니다.**

4. **책을 소중히 다룹니다.**

약속했으면 아래에 서명을 하고, 지금부터 잘 따라오세요~

이름: _____

차 례

1 소수 한 자리 수

2 소수 두 자리 수

3

소수
세 자리 수

소수
한 자리 수

우리 친구들의 얼굴도 다 다르죠?

수도 1, 2, 3, 4, … 이렇게 생긴 수 말고

점이 있는 수가 있어요.

바로 **소수**라는 수인데…

소수! 어떤 수인지 지금부터 시작해 볼게요.

이런 점
말고~

소수의 생김새

소수	소수점
## 2.3	## 0.2
↑ 이런 **점**이 있어요!	내 이름? **소수점!**
이렇게 ●이 있는 수가 **소수**예요.	소수에 있는 점이니까 소수점! 소수에 있는 ●의 이름은 **소수점**이에요.

▶ 개념 익히기 1

소수에 모두 ○표 하세요. (2개)

01

1.5   3   0.1   10

02

8   2.7   1   1.1

03

.31   30.   2.9   0.0

▶정답 및 해설 1쪽

소수점 찍기

소수점은
중간보다
아래쪽에,

속 안을 채운
동그란 모양의 점이에요.

2·9   8,5
(X)   (X)

소수의 생김새

7.11

소수점을 기준으로

왼쪽   과   **오른쪽에**

수가 있어야 해요.
수가 많아도 괜찮고,
0만 있어도 괜찮아요~

3.   .5   21.89   0.0
(X)   (X)   (O)   (O)

▶ 개념 익히기 2

소수점을 잘못 찍은 것에 ×표 하세요.

01

| 0.8 | 90.3 | 5,4 | 10.0 |

02

| 8.2 | 7˙7 | 1.1 | 1.10 |

03

| 2.007 | 0.03 | 22.89 | 34。6 |

▶ 개념 다지기 1

소수점을 잘못 찍은 것을 찾아 ×표 하고, 바르게 고치세요.

01

7.8　　　　~~1,2~~　　　　6.4　　　　9.1
　　　　　1.2

02

2.33　　　　5.7　　　　1.1　　　　0˙10

03

31.1　　　　20·9　　　　22.4　　　　34.6

04

1!5　　　　9.03　　　　5.49　　　　11.11

05

8:64　　　　7.7　　　　9.12　　　　0.1

06

0.007　　　　0.03　　　　14′89　　　　40.9

▶ 개념 다지기 2

소수가 되도록 지시대로 소수점을 찍어 보세요.

01

4와 5 사이에 소수점 찍기 ➡ 4.5 1

02

6과 8 사이에 소수점 찍기 ➡ 7 6 8

03

4의 오른쪽에 소수점 찍기 ➡ 4 5 0 1

04

1의 왼쪽에 소수점 찍기 ➡ 2 9 1 3

05

7의 왼쪽에 소수점 찍기 ➡ 2 3 4 7 0

06

3의 오른쪽에 소수점 찍기 ➡ 1 2 3 4 5 6

소수가 되도록 소수점을 찍어 보세요.

01

0.1

02

0 2

03

7 0 4

04

2 2 1

05

6 7 8

06

1 3 5 5

개념 마무리 2

그림에 숨어있는 소수 **7**개를 모두 찾아 ○표 하세요.

2 소수 읽기

수는 왼쪽에서부터 읽죠.

소수도 왼쪽부터 읽어요!

근데 소수는 **소수점**도 '점'으로 읽어요.

174
읽기: 백칠십사

✏️ 쓰기   5.1

🔊 읽기   오 점 일

▶ 개념 익히기 1

소수를 바르게 읽은 것에 ○표 하세요.

01

    3.6   삼십육   (삼 점 육)   삼과 육

02

    1.8   일 땡 팔   일팔   일 점 팔

03

    4.9   사 점 구   사 그리고 구   마흔아홉

16 소수1

소수는 소수 **점**을 기준으로

왼쪽 과 **오른쪽**을 읽는 방법이 **달라요.**

803.803

팔 백 삼 점 팔 영 삼

...몇백 몇십 몇으로 읽어요.

숫자 하나하나를 따로 읽어요.

 **개념 익히기 2**

소수를 읽은 것을 보고 알맞은 소수에 ○표 하세요.

01

영 점 구　　09　　(0.9)　　90　　9.0

02

이 점 팔　　8.2　　28　　208　　2.8

03

칠 점 이　　.72　　2.7　　7.2　　72.

▶ 개념 다지기 1

소수를 바르게 읽으세요.

01

7.23

➡ 칠 __점__ 이삼

02

10.02

➡ 십 점 _____ 이

03

0.9

➡ _____ 점 구

04

11.008

➡ 십일 점 _____ 팔

05

2.9995

➡ 이 점 _____

06

100.1002

➡ _____ 점 _____

▶ 개념 다지기 2

소수를 알맞게 쓰세요.

01

이 점 영팔

➡ 2.08

02

영 점 영영일

➡ _____

03

사 점 육팔

➡ _____

04

십 점 영삼

➡ _____

05

오십오 점 오오

➡ _____

06

영 점 영영영칠

➡ _____

소수를 바르게 읽거나 쓰세요.

01

36.001 ➡ 삼십육 점 영영일

02

칠 점 오사 ➡

03

육십 점 일영구 ➡

04

0.08 ➡

05

1.3 ➡

06

구 점 영사이 ➡

▶ 개념 마무리 2

관계있는 풍선끼리 짝 지어진 것을 찾아 색칠하세요.

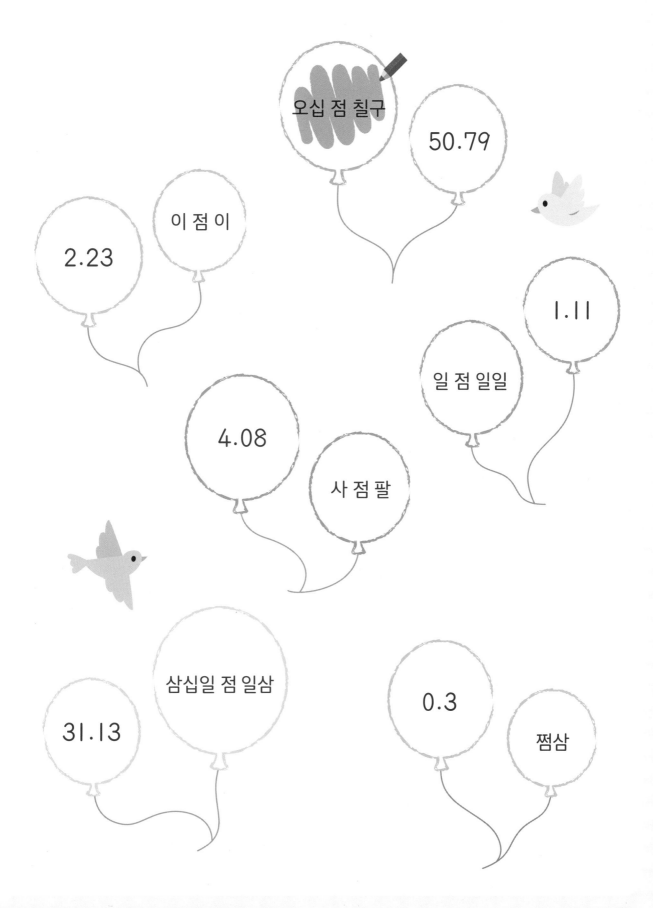

3 0.1의 뜻

이렇게 생긴 '**자**'를 본 적 있죠? 자는 길이를 잴 때 사용해요.

0부터 1 2 3 4 5 ··· 수가 적혀 있는 것 보이죠?

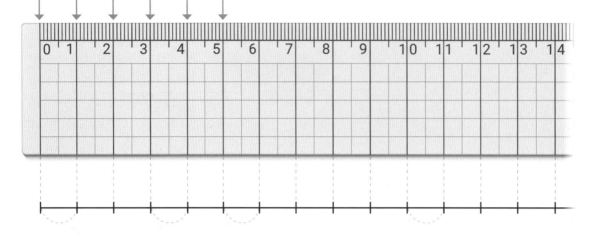

- 이런 **한 칸**의 길이를 **1 cm**라고 해요.
  (읽기: 1 센티미터)

- 두 칸의 길이는 2 cm, 세 칸의 길이는 3 cm라고 해요.

▶ **개념 익히기 1**

├──┤의 길이가 **1 cm**인 것을 이용하여 주어진 길이를 알맞게 쓰세요.

01

➡ 6 cm

02

➡ ☐ cm

03

➡ ☐ cm

▶ 정답 및 해설 **4**쪽

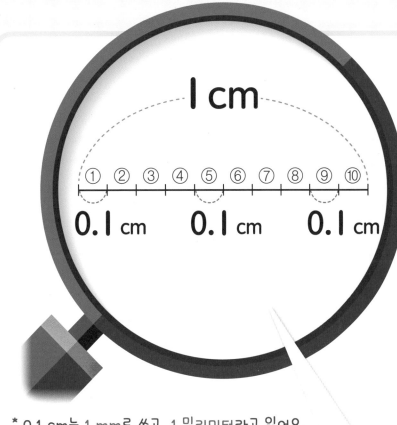

그런데,
1 cm 사이에는
작은 칸 10개가 있어요.
이렇게 1을 10개로
똑같이 나눈 것 중의 하나를

0.1 이라고 해요.

그러니까,
1 안에는
0.1이 10개!

* 0.1 cm는 1 mm로 쓰고, 1 밀리미터라고 읽어요.

1 mm

0.1 cm = 1 mm
1 cm = 10 mm

▶ 개념 익히기 2

자에 표시한 부분의 길이를 쓰세요.

01

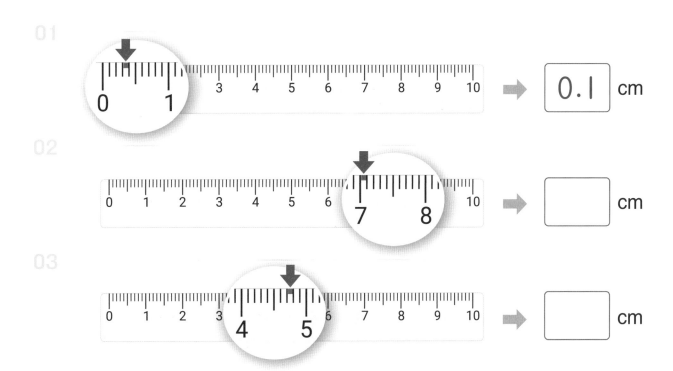

0.1 cm

02

cm

03

cm

빈칸을 알맞게 채우세요.

01

0.1 cm가 10개이면 | 1 | cm입니다.

02

1 cm는 | | cm가 10개입니다.

03

1 cm에는 0.1 cm가 | | 개 있습니다.

04

| | cm는 0.1 cm가 10개입니다.

05

0.1 cm = | | mm

06

1 cm = | | mm

▶ 정답 및 해설 **4**쪽

▶ 개념 다지기 2

빈칸에 알맞은 수를 쓰세요.

01

피자 한 판을 10조각으로 똑같이 나누었습니다.
그중의 한 조각은 피자의 [0.1] 입니다.

02

색종이 하나를 10칸으로 똑같이 접었습니다.
그중의 한 칸은 색종이의 [　　] 입니다.

03

도넛 그림을 10칸으로 똑같이 나누고, 그중의 한
칸만큼 색칠했습니다. 색칠한 칸은 도넛 그림의
[　　] 입니다.

04

컵 하나를 10칸으로 똑같이 나누고, 그중의 한 칸
만큼 물을 채웠습니다. 채워진 물은 컵의 [　　]
입니다.

05

빵 하나를 10조각으로 똑같이 나누었습니다.
그중의 한 조각은 빵의 [　　] 입니다.

06

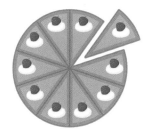

케이크 하나를 10조각으로 똑같이 나누었습니다.
그중의 한 조각은 케이크의 [　　] 입니다.

▶ 개념 마무리 1

빈칸을 알맞게 채우세요.

01

0.1이 10개이면 $\boxed{1}$ 입니다.

02

$\boxed{}$ 이 10개이면 1입니다.

03

0.1이 $\boxed{}$ 개이면 1입니다.

04

$\boxed{}$ 은 1을 10개로 똑같이 나눈 것 중의 하나입니다.

05

0.1은 1을 $\boxed{}$ 개로 똑같이 나눈 것 중의 하나입니다.

06

0.1은 $\boxed{}$ 을 10개로 똑같이 나눈 것 중의 하나입니다.

▶ **개념 마무리 2**

0.1을 찾아서 색칠하세요. (5군데)

0.1부터 1까지

1이 한 개씩 많아지면 1, 2, 3, 4, …와 같이 쓰는데
0.1이 한 개씩 많아지면 어떻게 쓸까요?

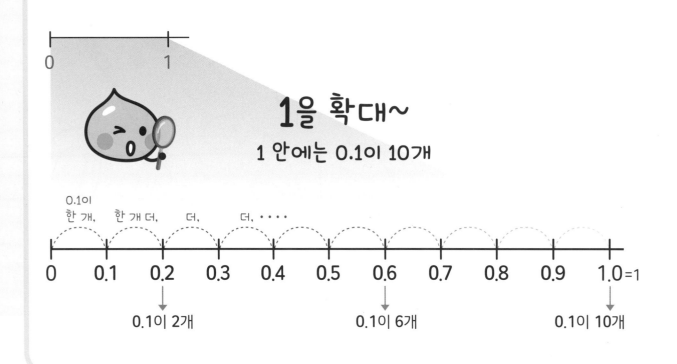

1을 확대~

1 안에는 0.1이 10개

0.1이
한 개, 한 개 더, 더, 더, ····

0 0.1 0.2 0.3 0.4 0.5 0.6 0.7 0.8 0.9 1.0 =1

0.1이 2개   0.1이 6개   0.1이 10개

▶ 개념 익히기 1

빈칸을 알맞게 채우세요.

01

0.1이 4개 ➡ ☐ 0.4 ☐

02

0.1이 3개 ➡ ☐ ☐

03

0.1이 7개 ➡ ☐ ☐

▶ 정답 및 해설 **5**쪽

3304

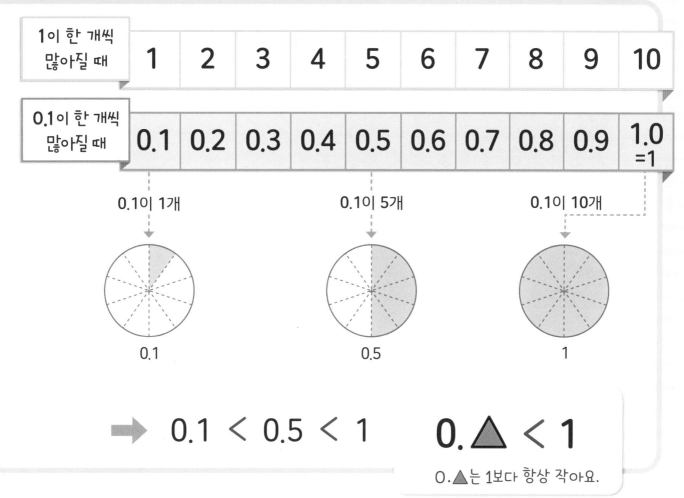

| 1이 한 개씩 많아질 때 | 1 | 2 | 3 | 4 | 5 | 6 | 7 | 8 | 9 | 10 |

| 0.1이 한 개씩 많아질 때 | 0.1 | 0.2 | 0.3 | 0.4 | 0.5 | 0.6 | 0.7 | 0.8 | 0.9 | 1.0 =1 |

0.1이 1개

0.1이 5개

0.1이 10개

0.1

0.5

1

➡ 0.1 < 0.5 < 1

0.△ < 1

0.△는 1보다 항상 작아요.

▶ 개념 익히기 2

빈칸을 알맞게 채우세요.

01

0.5 ➡ 0.1이 [5] 개

02

0.6 ➡ 0.1이 [ ] 개

03

0.8 ➡ 0.1이 [ ] 개

▶ 개념 다지기 1

규칙에 따라 빈칸을 알맞게 채우세요.

01

0.1 0.2 0.3 0.4 0.5 0.6 0.7 ◯ 0.9 1

02

0.1 ◯ 0.3 0.4 ◯ 0.6 0.7 0.8 ◯ 1

03

0.1 ◯ ◯ 0.4 ◯ ◯ 0.7 0.8 0.9 ◯

04

◯ 0.2 ◯ ◯ 0.5 ◯ 0.7 ◯ 0.9 1

05

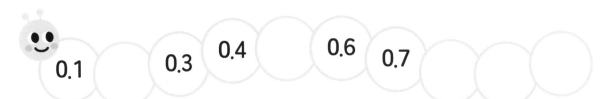

0.1 ◯ 0.3 0.4 ◯ 0.6 0.7 ◯ ◯ ◯

06

◯ ◯ 0.3 ◯ 0.5 ◯ ◯ 0.8 ◯ ◯

▶ 개념 다지기 2

0.1부터 0.1씩 커지는 소수를 순서대로 썼습니다. 틀린 곳 2군데에 ×표 하고 바르게 고치세요.

01

0.1 0.2 0.3 ~~4.0~~ 0.5 0.6 0.7 0.6 0.9 1

0.4

02

0.1 1.1 0.3 0.4 0.5 0.8 0.7 0.8 0.9 1

03

0.1 0.2 0.7 0.4 0.5 0.6 0.7 0.8 0.9 0.10

04

0.1 0.2 0.3 0.4 0.2 0.6 0.7 0.8 0.5 1

05

0.1 0.2 0.3 0.4 0.5 0.6 0.8 0.7 0.9 1

06

0.1 0.9 0.3 0.6 0.5 0.6 0.7 0.8 0.9 1

▶ 개념 마무리 1

빈칸을 알맞게 채우세요.

01

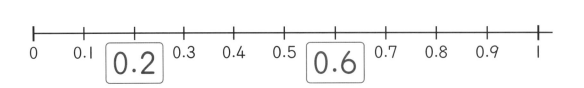

02

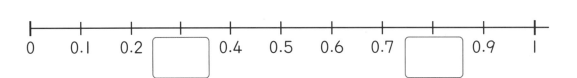

03

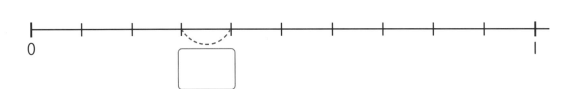

04

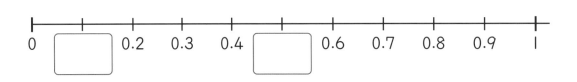

05

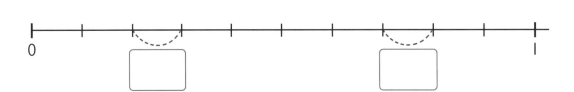

06

▶ 개념 마무리 2

그림을 보고 빈칸을 알맞게 채우세요.

01

0.1이 **9**개이므로 **0.9** 입니다.

02

0.1이 **7**개이므로 ☐ 입니다.

03

0.1이 ☐ 개이므로 ☐ 입니다.

04
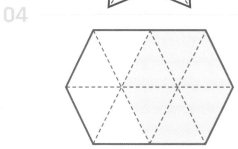

☐ 이 **6**개이므로 ☐ 입니다.

05
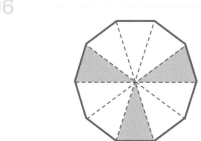

☐ 이 ☐ 개이므로 0.5입니다.

06

☐ 이 **3**개이므로 ☐ 입니다.

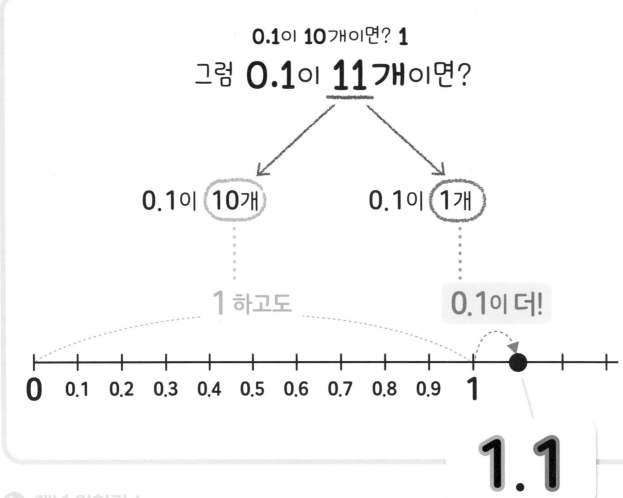

0.1이 10개이면? 1
그럼 **0.1**이 **11**개이면?

0.1이 (**10개**)   0.1이 (**1개**)

1 하고도   0.1이 더!

0   0.1   0.2   0.3   0.4   0.5   0.6   0.7   0.8   0.9   1

1.1

▶ **개념 익히기 1**

빈칸을 알맞게 채우세요.

01

l보다 0.6 큰 수는 ⎡ l.6 ⎤ 입니다.

02

l보다 0.3 큰 수는 ⎡　　⎤ 입니다.

03

l보다 ⎡　　⎤ 큰 수는 l.8입니다.

▶ 정답 및 해설 7쪽

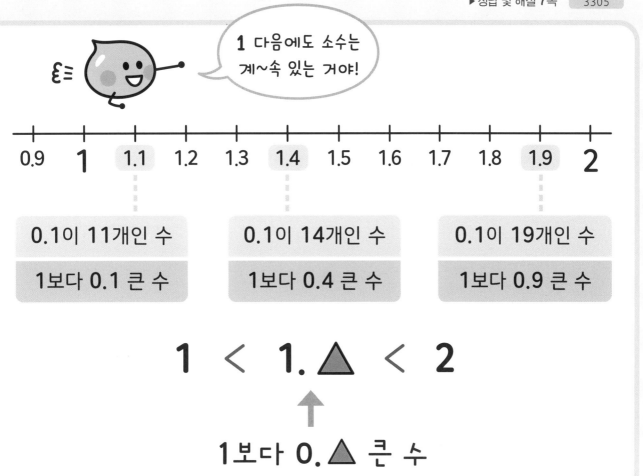

1 다음에도 소수는 계~속 있는 거야!

0.1이 11개인 수 / 1보다 0.1 큰 수

0.1이 14개인 수 / 1보다 0.4 큰 수

0.1이 19개인 수 / 1보다 0.9 큰 수

$$1 < 1.\triangle < 2$$

1보다 0.△ 큰 수

개념 익히기 2

규칙에 따라 빈칸을 알맞게 채우세요.

01

1.1 — 1.2 — 1.3 — 1.4 — 1.5 — 1.6 — 1.7

02

□ — 1.3 — 1.4 — 1.5 — 1.6 — 1.7 — □

03

1.4 — □ — 1.6 — 1.7 — □ — □ — 2

빈칸을 알맞게 채우세요.

01

0.1이 12개인 수

0.1이 10개, [2]개 더

[1.2]

02

0.1이 17개인 수

0.1이 10개, [ ]개 더

[ ]

03

0.1이 14개인 수

0.1이 10개, [ ]개 더

[ ]

04

0.1이 7개인 수

0.1이 [ ]개

[ ]

05

0.1이 15개인 수

0.1이 10개, [ ]개 더

[ ]

06

0.1이 11개인 수

0.1이 10개, [ ]개 더

[ ]

▶ 개념 다지기 2

주어진 소수를 수직선에 표시하세요.

01

1.4

02

1.9

03

0.6

04

1.3

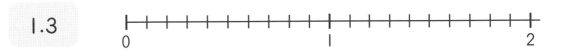

05

1.8

06

0.8

▶ 개념 마무리 1

크기를 비교하여 ○ 안에 >, <를 알맞게 쓰세요.

01

0.5 (<) 2

02

1.3 ( ) 1

03

0.2 ( ) 2

04

2 ( ) 1.4

05

0.9 ( ) 1.8

06

1 ( ) 0.9

▶ 개념 마무리 2

작은 수부터 순서대로 쓰세요.

01

| 0.4 | 2 | 1.3 | 1 |

➡ 0.4, 1, 1.3, 2

02

| 0.6 | 1.6 | 0 | 1.2 |

➡

03

| 1.8 | 0.2 | 1.1 | 0.9 |

➡

04

| 1 | 0.3 | 0.5 | 1.4 |

➡

05

| 0.7 | 0 | 1.5 | 2 |

➡

06

| 1.9 | 0.1 | 1.7 | 0.8 |

➡

6 소수와 자연수

소수

↪'작다(小)'
라는 뜻

작은 수라는 뜻으로,
1보다 작은 수도
나타낼 수 있어요.

■ . ▲

■보다 0.▲ 큰 수
↑
소수 부분
이라고 해요.

(1.5) 1보다 0.5 큰 수

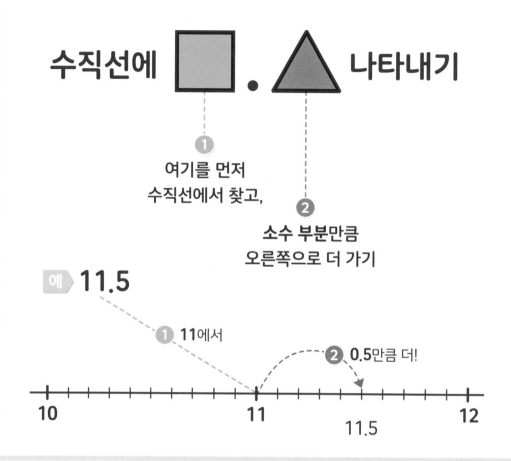

수직선에 ■ . ▲ 나타내기

1 여기를 먼저
수직선에서 찾고,

2 소수 부분만큼
오른쪽으로 더 가기

예 **11.5**

1 11에서

2 0.5만큼 더!

10   11   12
11.5

▶ 개념 익히기 1

소수 부분을 쓰세요.

01

2.6의 소수 부분 : 0.6

02

9.8의 소수 부분 :

03

1.5의 소수 부분 :

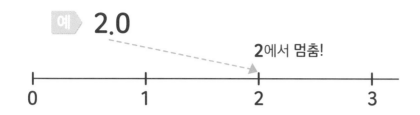

예 **2.0**

2에서 멈춤!

0　　1　　2　　3

이렇게 소수 부분이 0인
1, 2, 3, 4, … 를
자연수라고 불러요.

소수 부분이 0이면
생략할 수 있어!

자연수에 .0을 붙여서
소수 모양으로 쓸 수 있어!

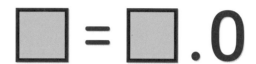

자연수는 0.1이 몇십 개!

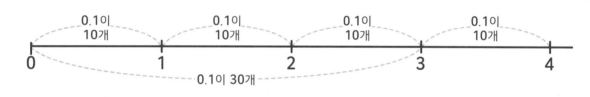

0.1이
10개　　0.1이
10개　　0.1이
10개　　0.1이
10개

0　　1　　2　　3　　4

0.1이 30개

▶ 개념 익히기 2

자연수를 소수 모양으로 나타내세요.

01

8 ➡ **8.0**

02

5 ➡

03

7 ➡

빈칸을 알맞게 채우고, 주어진 소수를 수직선에 표시하세요.

01

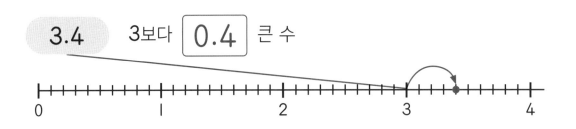

3.4 3보다 0.4 큰 수

02

2.7 2보다 [ ] 큰 수

03

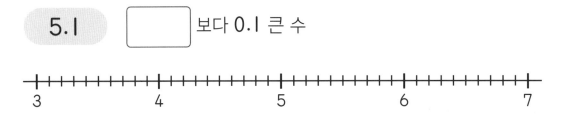

5.1 [ ] 보다 0.1 큰 수

04

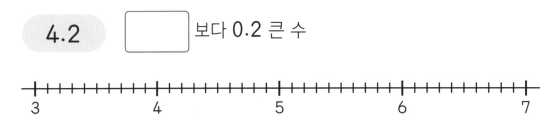

4.2 [ ] 보다 0.2 큰 수

05

21.8 21보다 [ ] 큰 수

06

100.3 [ ] 보다 0.3 큰 수

▶ 개념 다지기 2

수직선에 표시된 점의 위치를 소수로 나타내세요.

01

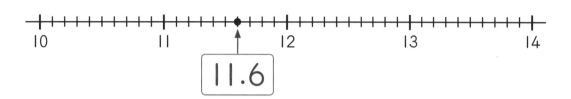

02

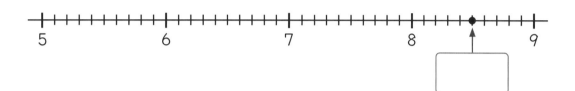

03

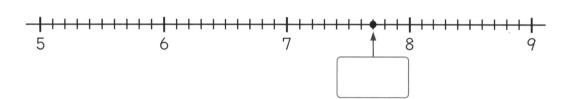

04

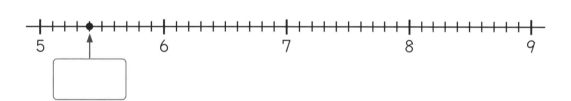

05

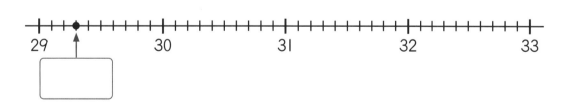

06

▶ 개념 마무리 1

주어진 수를 수직선에 표시하고, 빈칸을 알맞게 채우세요.

01

3

0.1이 **30** 개인 수입니다.

02

2

0.1이 ⬚ 개인 수입니다.

03

4

0.1이 ⬚ 개인 수입니다.

04

1

0.1이 ⬚ 개인 수입니다.

05

2.8

0.1이 ⬚ 개인 수입니다.

06

3.5

0.1이 ⬚ 개인 수입니다.

▶ 개념 마무리 2

빈칸을 알맞게 채우세요.

01

5는 0.1이 $\boxed{50}$ 개입니다.

02

6.8의 소수 부분은 $\boxed{}$ 입니다.

03

9보다 0.3 큰 수는 $\boxed{}$ 입니다.

04

0.1이 40개인 수는 $\boxed{}$ 입니다.

05

8.0은 $\boxed{}$ 로 쓸 수 있습니다.

06

$\boxed{}$ 는 4보다 0.2 큰 수입니다.

7 0.1이 많이 있을 때

0.1이 많~으면 **10**개씩 묶어서 **1**, **10**개를 또 묶어서 **1**, ⋯
10개씩 최~대한 묶고 남는 것은 소수 부분!
예를 들어서 **0.1**이 **99**개라면?

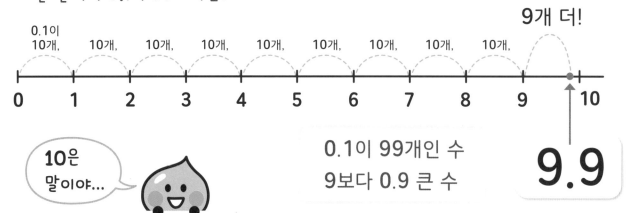

9개 더!

0.1이
10개, 10개, 10개, 10개, 10개, 10개, 10개, 10개, 10개,

0 1 2 3 4 5 6 7 8 9 10

0.1이 99개인 수
9보다 0.9 큰 수

9.9

10은
말이야...

- 0.1이 **10**개씩 **10**번인 수
- 0.1이 **100**개인 수
- 9.9보다 0.1 큰 수

그럼
0.1이 **100**개면?
10이겠구나~

▶ 개념 익히기 1

빈칸을 알맞게 채우세요.

01

0.1이 10개씩 10번이면 [10] 입니다.

02

0.1이 [   ] 개이면 10입니다.

03

9.9보다 [   ] 큰 수는 10입니다.

▶ 정답 및 해설 **10**쪽

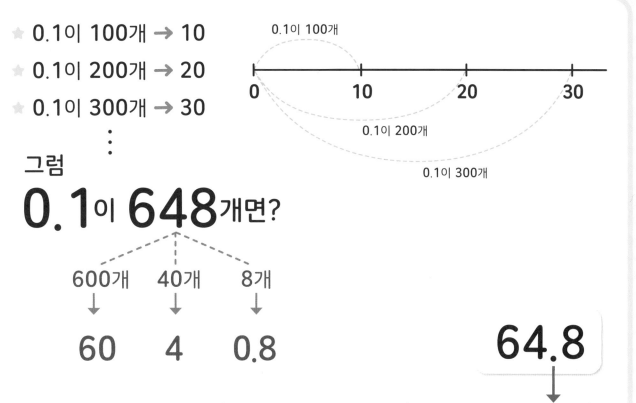

- 0.1이 100개 → 10
- 0.1이 200개 → 20
- 0.1이 300개 → 30
  ⋮

그럼
0.1이 **648**개면?

600개 · 40개 · 8개

60 · 4 · 0.8

64.8

▶ **개념 익히기 2**

빈칸을 알맞게 채우세요.

01

0.1이 300개인 수 ➡ 30

02

0.1이 800개인 수 ➡ ☐

03

0.1이 700개인 수 ➡ ☐

▶ 개념 다지기 1

빈칸을 알맞게 채우세요.

01

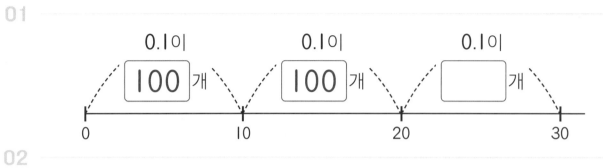

02

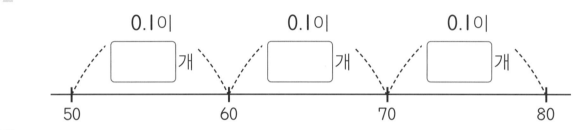

03

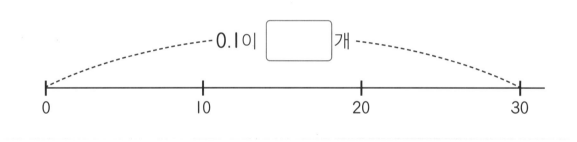

04

50은 0.1이 [ ]개인 수입니다.

05

20은 0.1이 [ ]개인 수입니다.

06

[ ]은 0.1이 400개인 수입니다.

▶ 개념 다지기 2

빈칸을 알맞게 채우세요.

01

0.1이 89개인 수 ➡ 8.9

02

90 ➡ 0.1이 [   ]개인 수

03

0.1이 35개인 수 ➡ [   ]

04

60 ➡ 0.1이 [   ]개인 수

05

4.6 ➡ 0.1이 [   ]개인 수

06

0.1이 700개인 수 ➡ [   ]

빈칸을 알맞게 채우세요.

01

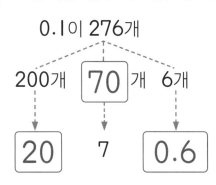

0.1이 276개

200개　[70]개　6개

[20]　7　[0.6]

➡ 0.1이 276개인 수 : [27.6]

02

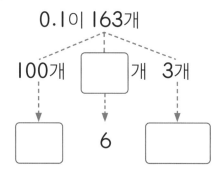

0.1이 163개

100개　[ ]개　3개

[ ]　6　[ ]

➡ 0.1이 163개인 수 : [ ]

03

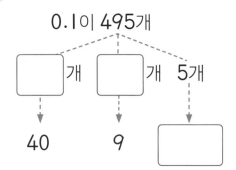

0.1이 495개

[ ]개　[ ]개　5개

40　9　[ ]

➡ 0.1이 [ ]개인 수 : 49.5

04

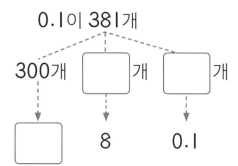

0.1이 381개

300개　[ ]개　[ ]개

[ ]　8　0.1

➡ 0.1이 [ ]개인 수 : 38.1

05

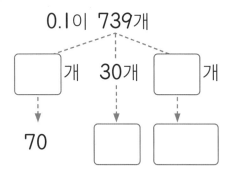

0.1이 739개

[ ]개　30개　[ ]개

70　[ ]　[ ]

➡ 0.1이 739개인 수 : [ ]

06

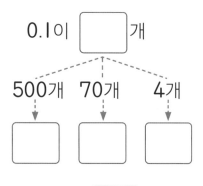

0.1이 [ ]개

500개　70개　4개

[ ]　[ ]　[ ]

➡ 0.1이 [ ]개인 수 : [ ]

▶ 개념 마무리 2

빈칸을 알맞게 채우세요.

01

0.1이 508개인 수 ➡ 50.8

02

47.3 ➡ 0.1이 [ ]개인 수

03

62.5 ➡ 0.1이 [ ]개인 수

04

0.1이 841개인 수 ➡ [ ]

05

0.1이 207개인 수 ➡ [ ]

06

34.3 ➡ 0.1이 [ ]개인 수

8 0.△가 여러 개일 때

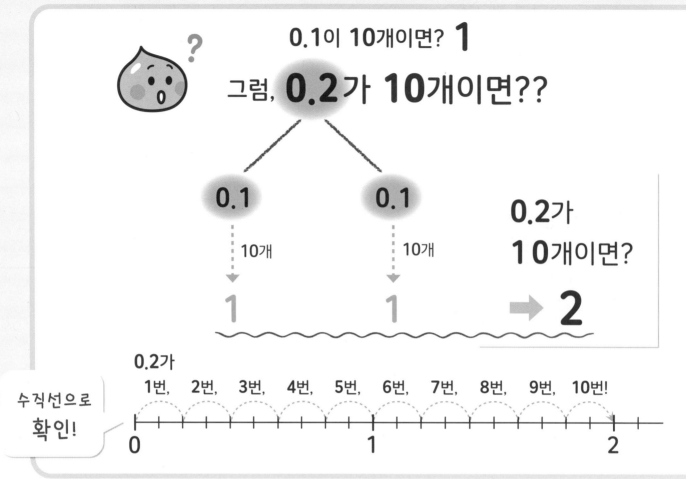

0.1이 10개이면? **1**
그럼, **0.2**가 **10**개이면??

0.1   0.1   **0.2**가
              10개이면?
10개   10개
              2
1   1

0.2가
1번, 2번, 3번, 4번, 5번, 6번, 7번, 8번, 9번, 10번!

0   1   2

수직선으로 **확인!**

▶ **개념 익히기 1**

빈칸을 알맞게 채우세요.

01

0.3이 10개인 수 ➡ $\boxed{3}$

02

0.4가 10개인 수 ➡ $\boxed{}$

03

0.9가 10개인 수 ➡ $\boxed{}$

▶ 정답 및 해설 11쪽

0.2가 100개이면?

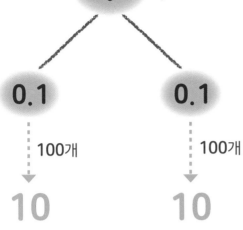

100개
100개

10   10

> 이렇게 생각해도 되겠네!

0.2가 100개
= **0.2가 10개씩 10번**
= **2가 10번**
= **20**

0.2가 10개?
2

0.2가 100개?
20

▶ 개념 익히기 2

빈칸을 알맞게 채우세요.

01

0.3이 100개인 수 ⟹ [30]

02

0.8이 100개인 수 ⟹ [   ]

03

0.6이 100개인 수 ⟹ [   ]

수를 두 가지 방법으로 설명하고 있습니다. 빈칸을 알맞게 채우세요.

01

5

0.1이 [50] 개

0.5가 [10] 개

02

8

0.8이 [   ] 개

0.1이 [   ] 개

03

70

0.7이 [   ] 개

0.1이 [   ] 개

04

90

0.1이 [   ] 개

0.9가 [   ] 개

05

4

0.1이 [   ] 개

0.4가 [   ] 개

06

60

0.6이 [   ] 개

0.1이 [   ] 개

▶ 개념 다지기 2

빈칸을 알맞게 채우세요.

01

7은 | 0.1 |이 70개인 수입니다.

02

9는 | |가 10개인 수입니다.

03

20은 | |이 200개인 수입니다.

04

3은 | |이 30개인 수입니다.

05

6은 | |이 10개인 수입니다.

06

30은 | |이 100개인 수입니다.

두 수의 크기를 비교하여 ○ 안에 >, <를 알맞게 쓰세요.

01

0.1이 57개인 수 = 5.7 (<) 0.6이 10개인 수 = 6

02

0.1이 28개인 수 ( ) 0.4가 10개인 수

03

0.1이 930개인 수 ( ) 0.8이 100개인 수

04

0.1이 729개인 수 ( ) 0.9가 100개인 수

05

0.2가 10개인 수 ( ) 0.1이 19개인 수

06

0.3이 100개인 수 ( ) 0.1이 314개인 수

주어진 수를 틀리게 설명한 것 하나를 찾아 ×표 하세요.

01

20.3

20보다 0.3 큰 수 ~~0.2가 100개인 수~~

0.1이 203개인 수 소수 부분이 0.3인 수

02

80

0.8이 100개인 수 소수 부분이 없는 자연수

80.0으로도 쓸 수 있는 수 0.1이 80개인 수

03

56.7

67보다 0.5 큰 수 0.1이 567개인 수

57보다 작은 수 소수 부분이 0.7인 수

04

2.9

소수 부분이 0.9인 수 0.1이 29개인 수

2보다 0.9 큰 수 3보다 0.1 큰 수

05

50

0.1이 500개인 수 자연수

소수 부분이 0.5인 수 0.5가 100개인 수

06

10

9.9보다 0.1 큰 수 9보다 1 큰 수

0.1이 100개인 수 0.9가 10개인 수

지금까지 소수 한 자리 수에 대해 살펴보았습니다.
얼마나 제대로 이해했는지 확인해 봅시다.

1

다음 중 소수는 모두 몇 개입니까?

$$2020 \qquad 2.718 \qquad \frac{32}{27} \qquad 56°25 \qquad 3.14$$

2

주어진 소수를 읽어 보시오.

669.609 읽기 :

3

빈칸을 알맞게 채우시오.

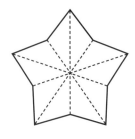

별을 10조각으로 똑같이 나누었습니다.

그중의 한 조각은 별의 ☐ 입니다.

4

0.8을 그림으로 나타내시오.

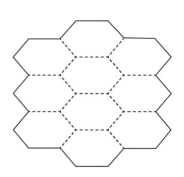

맞은 개수 8개 ◯	매우 잘했어요.
맞은 개수 6~7개 ◯	실수한 문제를 확인하세요.
맞은 개수 5개 ◯	틀린 문제를 2번씩 풀어 보세요.
맞은 개수 1~4개 ◯	앞부분의 내용을 다시 한번 확인하세요.

스스로 평가

▶ 정답 및 해설 **13**쪽

5

수직선에 표시된 곳의 위치를 소수로 쓰시오.

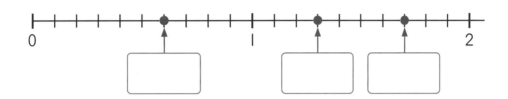

6

9.8의 소수 부분을 쓰시오.

7

0.1이 **407**개인 수를 쓰시오.

8

빈칸을 알맞게 채우시오.

(0.6이 100개인 수) = (0.1이 [   ] 개인 수)

서술형으로 확인 ✏️

▶ 정답 및 해설 **33**쪽

① 0.1이 어떤 수인지 설명해 보세요. (힌트 **23**쪽)

② 자연수를 설명해 보세요. (힌트 **41**쪽)

③ '0.1'을 이용하여 10을 **3**가지 방법으로 표현해 보세요. (힌트 **46**쪽)

잠깐! 서술형으로 쓰기 어려워? 그럼 앞에서 배운 걸 떠올려 봐! 앞에서 찾아보고 적어도 좋아!

옛날에 3.9랑 4가 살았어.
얘네 둘은 0.1밖에 차이가 안 나지만,
3.9가 4한테 항상 "형님~형님~" 부르며
깍듯하게 4를 모셨지.

그러던 어느 날,
3.9가 4를 보고도 인사를 안 하는 거야.
다른 때 같았으면 멀리서도 알아보고
뛰어와서 "안녕하십니까?" 했을텐데 말이지.
그래서 4가 3.9한테 물었어.

"야! 먼 일 있냐?"
"나, 점 뺐다..."

이제 내가
형님이다!

2

소수
두 자리 수

지금까지 이렇게 생긴 소수에 대해 알아보았는데

이번 단원에서는

소수 부분이 **두 자리**인 소수를 살펴보려고 해요.

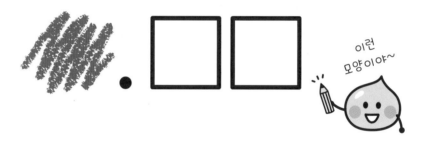

이런 모양이야~

자, 그럼 소수 부분이 두 자리인 소수는

어떻게 부르는지 이름부터 알아볼게요.

두 번째 단원 출발~

수의 구분

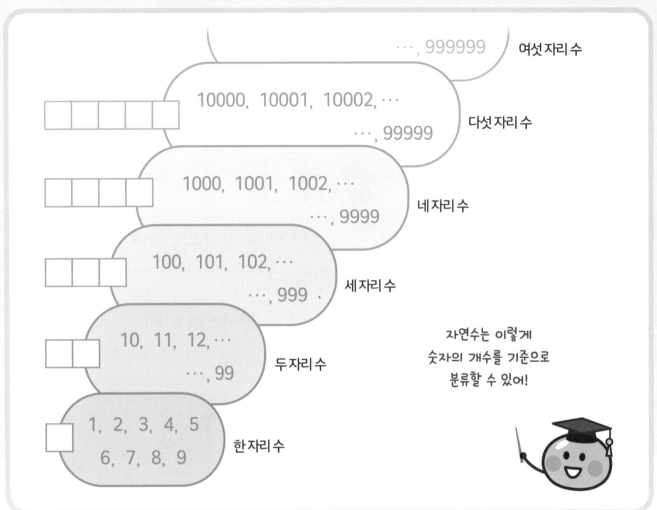

…, 999999 여섯 자리 수

10000, 10001, 10002, …
…, 99999 다섯 자리 수

1000, 1001, 1002, …
…, 9999 네 자리 수

100, 101, 102, …
…, 999 세 자리 수

10, 11, 12, …
…, 99 두 자리 수

1, 2, 3, 4, 5
6, 7, 8, 9 한 자리 수

자연수는 이렇게
숫자의 개수를 기준으로
분류할 수 있어!

▶ 개념 익히기 1

물음에 답하세요.

01

가장 작은 세 자리 수는 무엇일까요? 100

02

가장 큰 다섯 자리 수는 무엇일까요?

03

가장 작은 여섯 자리 수는 무엇일까요?

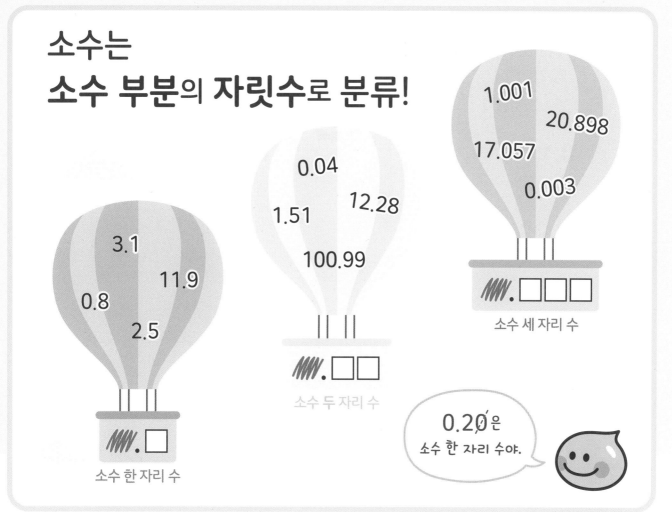

소수는
소수 부분의 **자릿수**로 분류!

1.001
20.898
17.057
0.003

MM.☐☐☐
소수 세 자리 수

0.04
1.51   12.28
100.99

MM.☐☐
소수 두 자리 수

3.1
11.9
0.8
2.5

MM.☐
소수 한 자리 수

0.20은
소수 한 자리 수야.

▶ **개념 익히기 2**

주어진 소수가 소수 몇 자리 수인지 빈칸을 알맞게 채우세요.

01

2.3
소수 **한** 자리 수

1.067
소수 **세** 자리 수

40.89
소수 **두** 자리 수

02

0.169
소수 ☐ 자리 수

5.04
소수 ☐ 자리 수

0.30
소수 ☐ 자리 수

03

0.64
소수 ☐ 자리 수

72.9
소수 ☐ 자리 수

50.625
소수 ☐ 자리 수

2 0.01

1을 10개로
똑같이 나눈 것 중의
하나는 0.1

그럼,
0.1을 10개로
똑같이 나눈 것 중의
하나는 뭘까?

0.1

0.01

0.01

0.1을 10개로 똑같이 나눈 것 중의 하나

1을 100개로 똑같이 나눈 것 중의 하나

▶ 개념 익히기 1

0.01에 대한 설명으로 옳으면 ○표, 틀리면 ×표 하세요.

01

1을 100개로 똑같이 나눈 것 중의 하나입니다. (○)

02

0.01을 10개로 똑같이 나눈 것 중의 하나입니다. (   )

03

0.01이 10개이면 1입니다. (   )

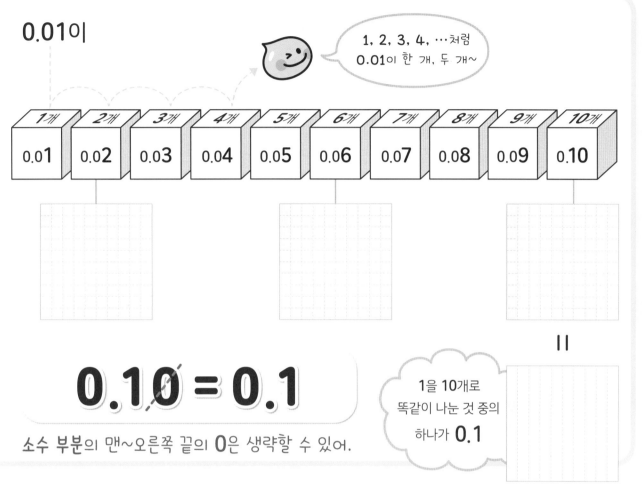

0.01이

1, 2, 3, 4, …처럼
0.01이 한 개, 두 개~

0.10 = 0.1

소수 부분의 맨~오른쪽 끝의 **0**은 생략할 수 있어.

1을 10개로
똑같이 나눈 것 중의
하나가 **0.1**

▶ 개념 익히기 2

수의 순서에 맞게 빈칸에 수를 쓰세요.

01

0.01 0.02 0.03 0.04 0.05 0.06 0.07 0.08 0.09 0.1

02

| 0.01 | 0.02 | 0.03 | | 0.05 | 0.06 | 0.07 | | 0.09 | |

03

0.02   0.04   0.06   0.07   0.08

▶ 개념 다지기 1

전체 크기가 1인 모눈종이에 색칠한 부분을 보고, 알맞은 소수를 쓰세요.

01
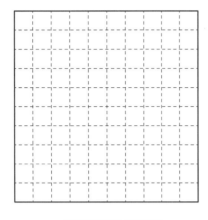

→ 0.06

02
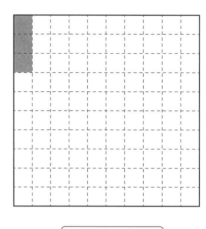

→

03
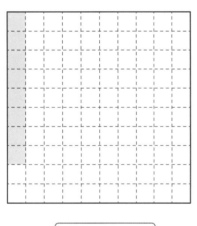

→

04
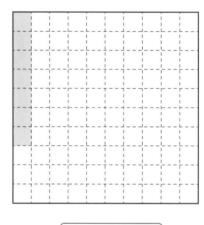

→

05
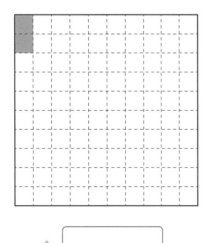

→

06
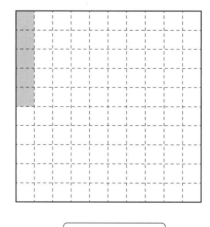

→

▶ 개념 다지기 2

표의 빈칸을 알맞게 채우세요.

	1	0.1	0.01
1개	1	0.1	0.01
2개	2	0.2	0.02
3개	3	0.3	
4개	4		
5개			0.05
6개	6	0.6	
7개		0.7	
8개			
9개	9		0.09
10개	10		
11개		1.1	0.11
12개	12	1.2	0.12
13개	13		0.13
14개		1.4	0.14

0.01씩 커지는 소수를 순서대로 썼습니다. 생략할 수 있는 0에 ×표 하세요.

▶ 정답 및 해설 **15**쪽

▶ **개념 마무리 2**

빈칸을 알맞게 채우세요.

01

0.01이 8개이면 0.08 입니다.

02

0.01이 5개이면 □ 입니다.

03

0.01이 2개이면 □ 입니다.

04

0.06은 0.01이 □ 개입니다.

05

0.04는 0.01이 □ 개입니다.

06

0.09는 0.01이 □ 개입니다.

3 소수 두 자리 수를 그림으로

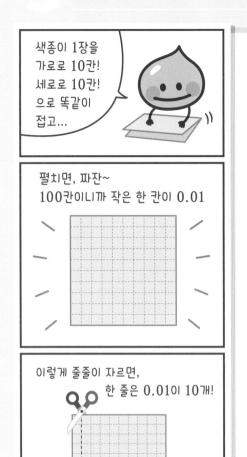

색종이 1장을 가로로 10칸! 세로로 10칸! 으로 똑같이 접고...

펼치면, 짜잔~ 100칸이니까 작은 한 칸이 0.01

이렇게 줄줄이 자르면, 한 줄은 0.01이 10개!

100칸에서 **한 줄**은 **0.1**
100칸에서 **한 칸**은 **0.01**

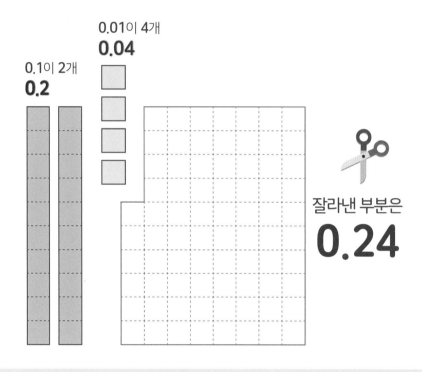

0.1이 2개
0.2

0.01이 4개
0.04

잘라낸 부분은
0.24

▶ **개념 익히기 1**

색칠한 부분을 보고, 소수로 나타내세요.

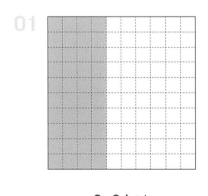

01

0.01이
40개

➡ 0.4

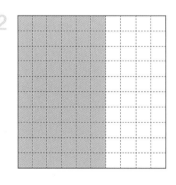

02

0.01이
60개

➡ _____

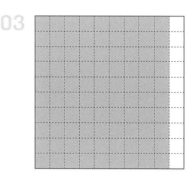

03

0.01이
90개

➡ _____

▶정답 및 해설 15쪽
3311

□.△는
□보다 0.△ 큰 수
소수 부분

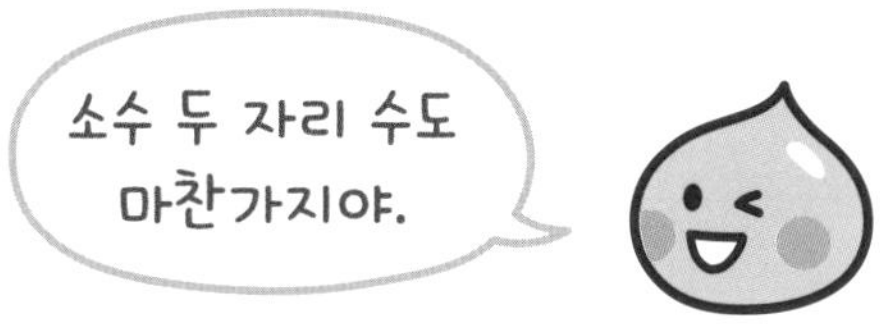

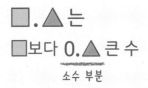

1.78은 1보다 0.78 큰 수

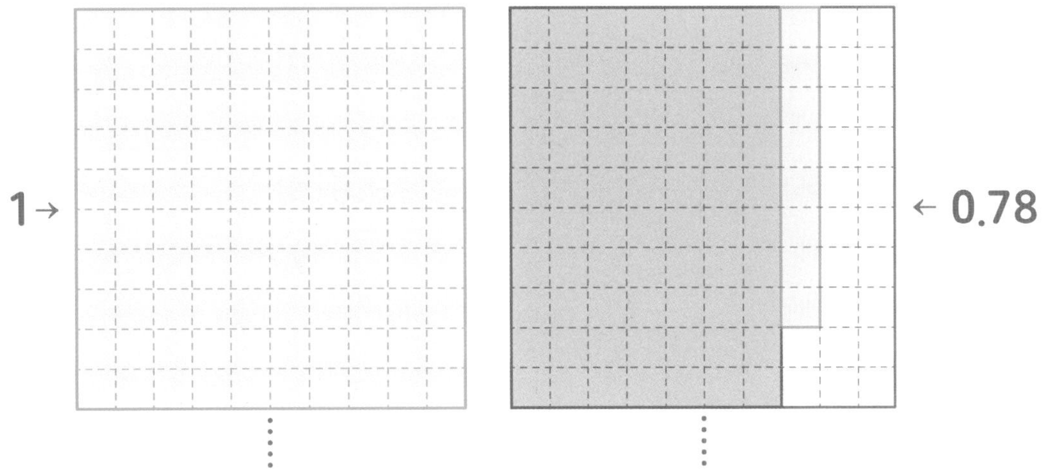

0.01이 100개 + 0.01이 78개 = 0.01이 178개

개념 익히기 2

알맞은 소수를 쓰세요.

01

1보다 0.52 큰 수 ➡ 1.52

02

4보다 0.73 큰 수 ➡

03

10보다 0.11 큰 수 ➡

색칠한 부분의 0.01의 개수를 쓰고, 소수로 나타내세요.

01
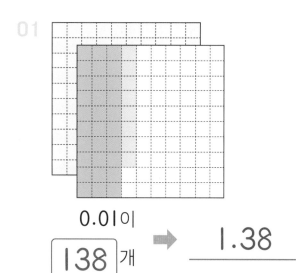

0.01이

138 개 ➡ 1.38

02
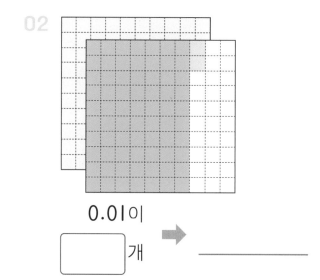

0.01이

☐ 개 ➡ _____

03
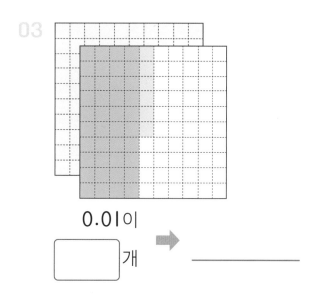

0.01이

☐ 개 ➡ _____

04
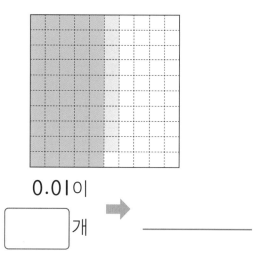

0.01이

☐ 개 ➡ _____

05
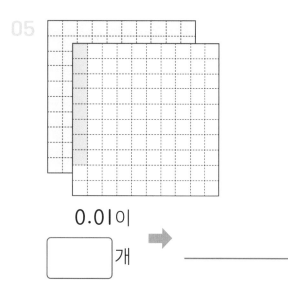

0.01이

☐ 개 ➡ _____

06
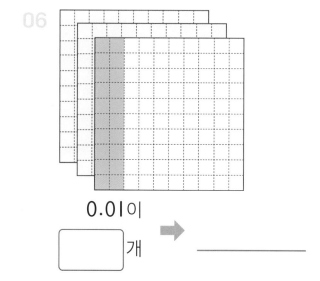

0.01이

☐ 개 ➡ _____

▶ 정답 및 해설 **16**쪽

3312

소수만큼 알맞게 색칠하세요.

01   1.47

02   1.51

03   0.32

04   1.06

05   0.09

06   1.85

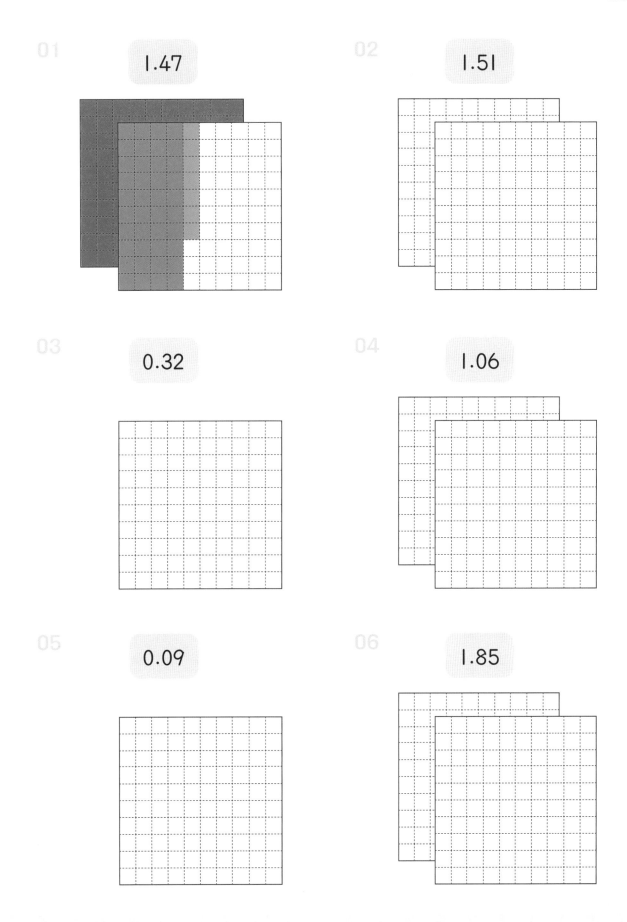

▶ 개념 마무리 1

빈칸을 알맞게 채우세요.

01

| 0.38 | ← 0.01 작은 수 — 0.39 — 0.01 큰 수 → | 0.4 |

02

| | ← 0.01 작은 수 — 0.23 — 0.01 큰 수 → | |

03

| | ← 0.1 작은 수 — 0.71 — 0.1 큰 수 → | |

04

| | ← 0.01 작은 수 — 0.94 — 0.01 큰 수 → | |

05

| | ← 0.1 작은 수 — 0.37 — 0.1 큰 수 → | |

06

| | ← 0.01 작은 수 — 0.6 — 0.01 큰 수 → | |

▶ 개념 마무리 2

빈칸을 알맞게 채우세요.

01

0.01이 $\boxed{46}$ 개인 수는 0.46입니다.

02

0.2보다 0.09 큰 수는 $\boxed{}$ 입니다.

03

0.1이 5개인 수는 $\boxed{}$ 입니다.

04

0.01이 9개인 수는 $\boxed{}$ 입니다.

05

$\boxed{}$ 이 67개인 수는 0.67입니다.

06

0.9보다 $\boxed{}$ 큰 수는 0.98입니다.

소수 두 자리 수와 수직선

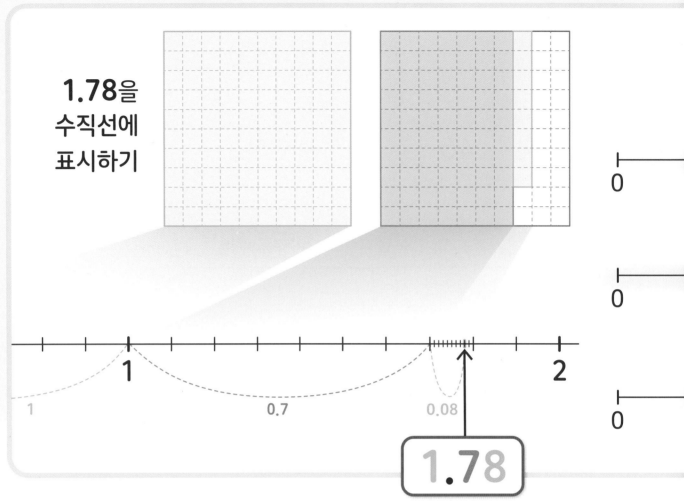

1.78을
수직선에
표시하기

1.78

▶ 개념 익히기 1

주어진 소수를 수직선에 표시하는 방법입니다. 빈칸을 알맞게 채우세요.

01

5.17 ➡ 5에서 | 0.1 |만큼 더 가고, | 0.07 |만큼 더 가기

02

3.92 ➡ | |에서 0.9만큼 더 가고, | |만큼 더 가기

03

12.06 ➡ | |에서 | |만큼 더 가기

1.78은 수직선에서 어디?

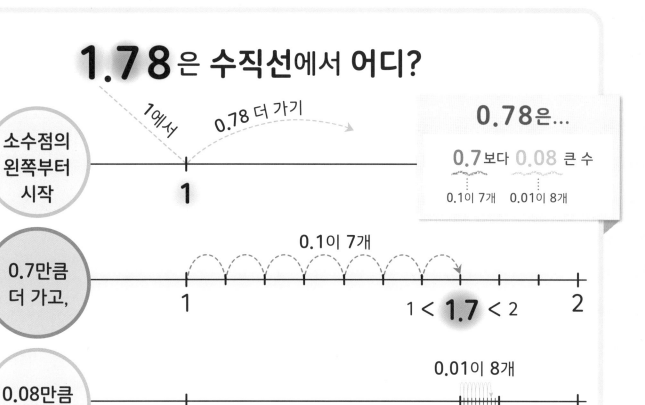

소수점의 왼쪽부터 시작

1에서   0.78 더 가기

1

0.78은...

0.7보다 **0.08** 큰 수

0.1이 7개   0.01이 8개

0.7만큼 더 가고,

0.1이 7개

1   1 < **1.7** < 2   2

0.08만큼 더 가기!

0.01이 8개

1   1.7 1.8   2

1 < 1.7 < **1.78** < 1.8 < 2

▶ 개념 익히기 2

소수를 수직선에 표시할 때, 수직선에서 가장 먼저 찾아야 할 수에 ○표 하세요.

01

⑦.24

02

4.56

03

6.83

▶ 개념 다지기 1

수직선에 표시된 위치를 소수로 나타내세요.

01

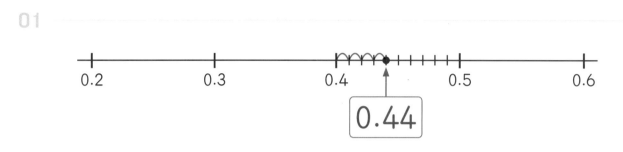

0.2   0.3   0.4   0.5   0.6

0.44

02

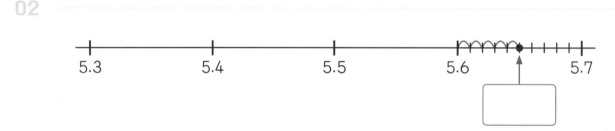

5.3   5.4   5.5   5.6   5.7

03

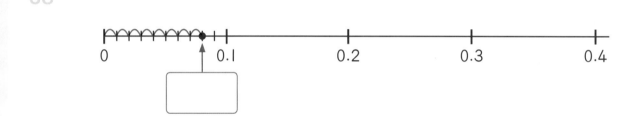

0   0.1   0.2   0.3   0.4

04

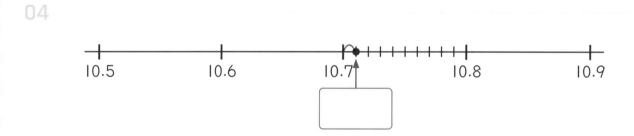

10.5   10.6   10.7   10.8   10.9

05

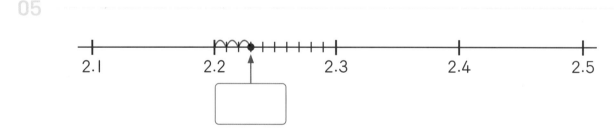

2.1   2.2   2.3   2.4   2.5

06

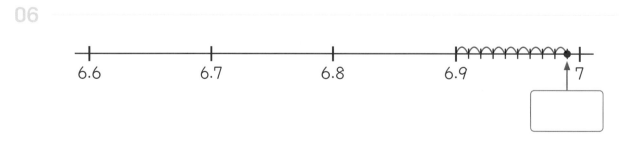

6.6   6.7   6.8   6.9   7

● 개념 다지기 2

수직선에 표시된 위치를 소수로 나타내세요.

01

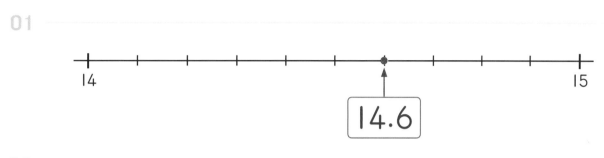

02

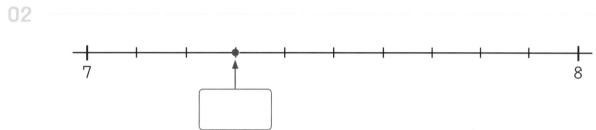

03

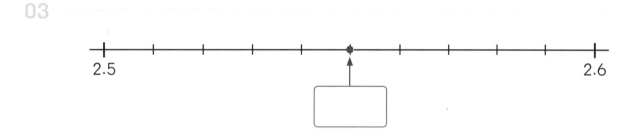

04

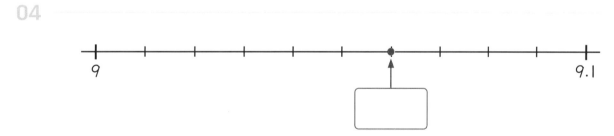

05

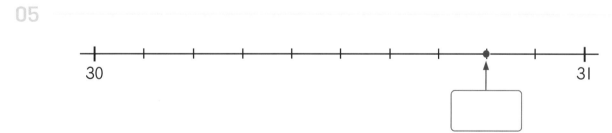

06

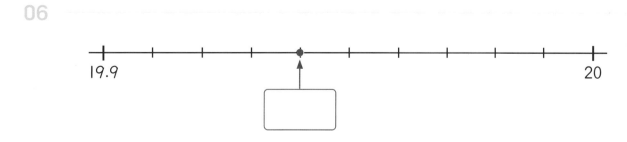

수직선에 표시된 위치에 가장 알맞은 소수에 ○표 하세요.

01

ㄱ ➡ 0.28   0.35   (0.22)   2.1

02

ㄴ ➡ 0.45   0.78   0.41   0.48

03

ㄷ ➡ 0.62   0.65   0.69   6.5

04

ㄹ ➡ 0.88   0.9   0.83   0.73

05

ㅁ ➡ 9.9   0.92   0.95   0.99

▶ 개념 마무리 2

주어진 소수의 위치가 어디일지 알맞은 수직선 구간에 ○표 하세요.

01

0.84

02

4.52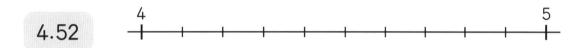

03

1.28

04

3.95

05

5.07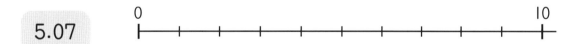

06

14.69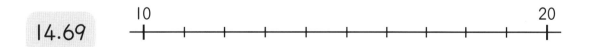

5 0.01이 여러 개일 때

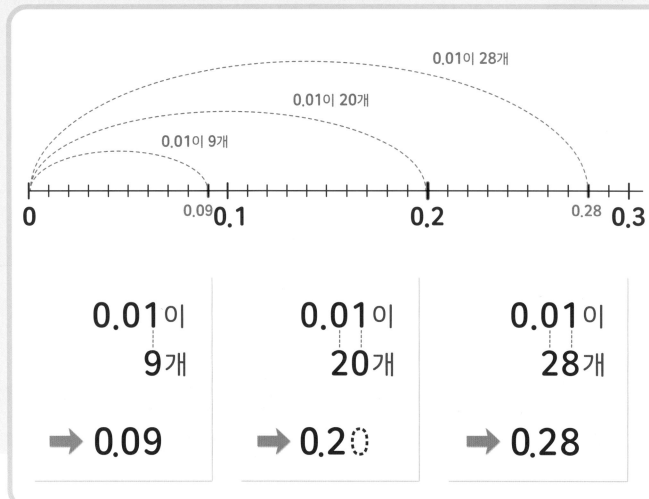

▶ 개념 익히기 1

소수로 쓸 수 있도록 바르게 연결한 것에 ○표 하세요.

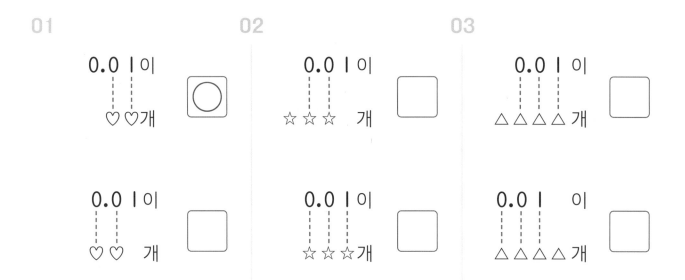

▶ 정답 및 해설 **18**쪽

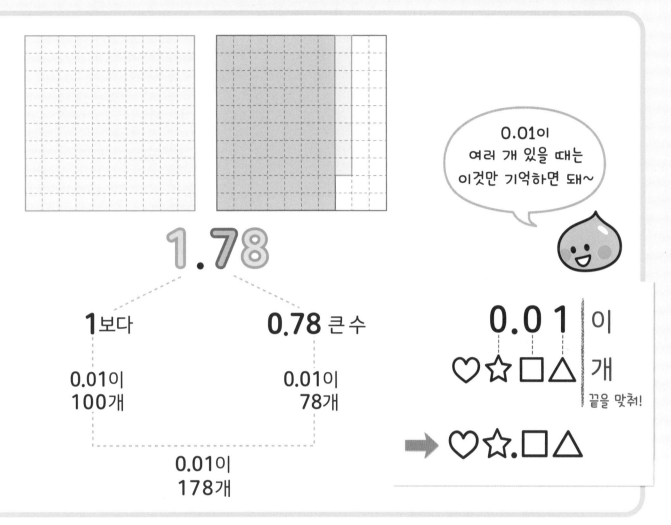

1.78

1보다   **0.78** 큰 수

0.01이
100개

0.01이
78개

0.01이
178개

0.01이
여러 개 있을 때는
이것만 기억하면 돼~

0.01 이

♡ ☆ □ △ 개

끝을 맞춰!

➡ ♡ ☆. □ △

▶ 개념 익히기 2

빈칸을 알맞게 채우세요.

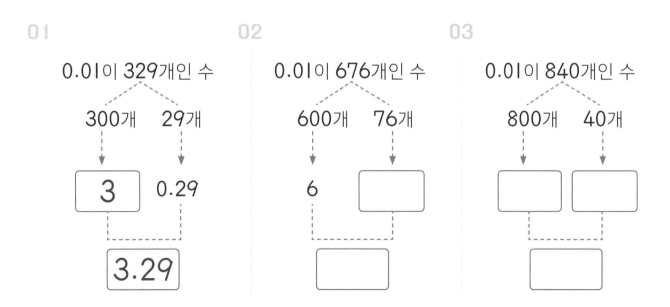

01

0.01이 329개인 수

300개   29개

3   0.29

3.29

02

0.01이 676개인 수

600개   76개

6   ☐

☐

03

0.01이 840개인 수

800개   40개

☐   ☐

☐

선을 긋고, 알맞은 수를 쓰세요.

01

0.01 이
| | |
5 4 8 개

➡ 5.48

02

0.01 이
7 3 8 개

➡ _____

03

0.01 이
| | | | | 개

➡ _____

04

0.01 이
8 0 0 0 개

➡ _____

05

0.01 이
2 0 개

➡ _____

06

0.01 이
9 0 0 4 개

➡ _____

▶ 개념 다지기 2

알맞은 수를 쓰세요.

01

0.01이 1588개인 수 ➡ 15.88

02

0.01이 500개인 수 ➡

03

0.01이 4770개인 수 ➡

04

0.01이 6개인 수 ➡

05

0.01이 30개인 수 ➡

06

0.01이 2900개인 수 ➡

빈칸을 알맞게 채우세요.

01

3.64 ➡ 0.01이 ┃364┃ 개

02

36.4 ➡ 0.01이 ┌──┐ 개

03

0.36 ➡ 0.01이 ┌──┐ 개

04

0.04 ➡ 0.01이 ┌──┐ 개

05

30.6 ➡ 0.01이 ┌──┐ 개

06

30.64 ➡ 0.01이 ┌──┐ 개

▶ 개념 마무리 2

빈칸을 알맞게 채우세요.

01

0.01이 | 46 | 개인 수는 0.46입니다.

02

2.3보다 0.04 큰 수는 [   ]입니다.

03

0.1이 5개인 수는 [   ]입니다.

04

0.01이 90개인 수는 [   ]입니다.

05

[   ]이 167개인 수는 1.67입니다.

06

0.9보다 [   ] 큰 수는 0.98입니다.

6 소수 두 자리 수의 10배, 100배

그렇다면,
소수의 10배, 100배는?

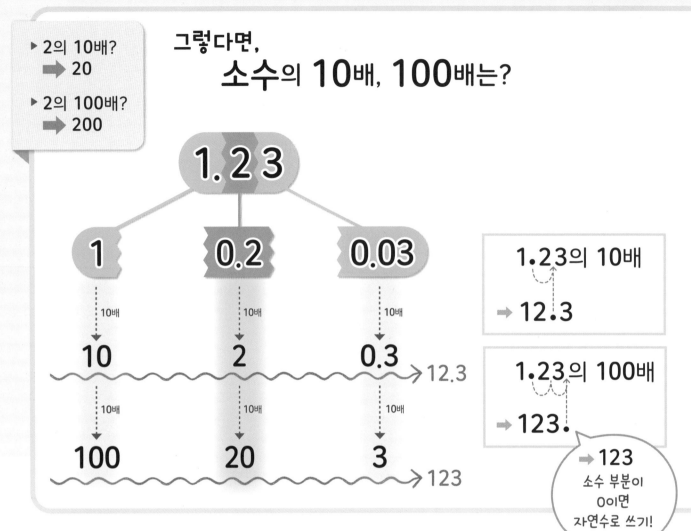

▶ **개념 익히기 1**

알맞은 수를 쓰세요.

01

0.4의 10배 ➡ 4

02

0.08의 10배 ➡

03

0.03의 10배 ➡

▶ 정답 및 해설 **20**쪽

10배, 100배는 소수 점을 오른쪽으로 이동!

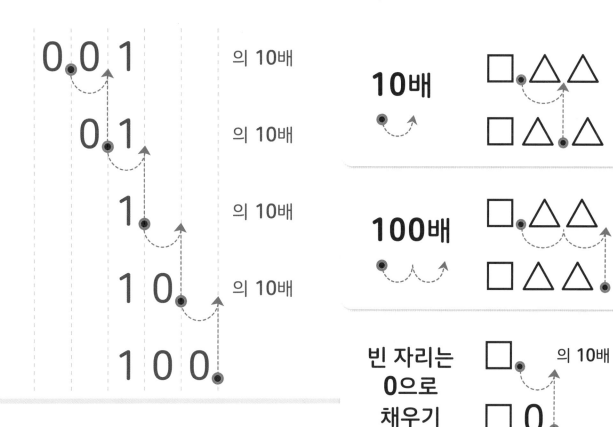

▶ **개념 익히기 2**

알맞은 수를 쓰세요.

01

0.02의 100배 ➡ 2

02

0.05의 100배 ➡

03

0.07의 100배 ➡

소수점의 위치가 어떻게 바뀌었는지 ⤵표시를 하고, 빈칸을 알맞게 채우세요.

01

8.0.7 의 $\boxed{10}$ 배

➡ 8 0.7

02

9.2 4 의 $\boxed{}$ 배

➡ 9 2 4

03

0.7 5 의 $\boxed{}$ 배

➡ 7.5

04

4.6 의 $\boxed{}$ 배

➡ 4 6

05

1.3 의 $\boxed{}$ 배

➡ 1 3 0

06

2 0.1 의 $\boxed{}$ 배

➡ 2 0 1 0

▶ 개념 다지기 2

소수점의 위치가 어떻게 바뀔지 ⌣⌣ 표시를 하고, 알맞은 수를 쓰세요.

01

9.06이 <u>100개</u>인 수

9.0.6. ➡ 906

02

4.2가 <u>100개</u>인 수

4.2 ➡

03

3.86이 <u>10개</u>인 수

3.8 6 ➡

04

5.6이 <u>100개</u>인 수

5.6 ➡

05

1.07이 <u>100개</u>인 수

1.0 7 ➡

06

0.08이 <u>10개</u>인 수

0.0 8 ➡

▶ 개념 마무리 1

빈칸을 알맞게 채우세요.

01

4.85가 10개인 수 : **48.5**

| 4 | 0.8 | 0.05 |

10배 | 10배 | 10배

40 — 8 — **0.5**

02

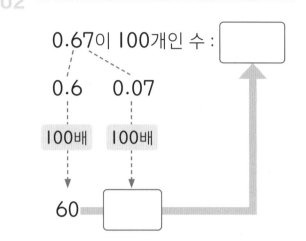

0.67이 100개인 수 : ☐

| 0.6 | 0.07 |

100배 | 100배

60 — ☐

03

0.54가 10개인 수 : ☐

| 0.5 | 0.04 |

10배 | 10배

☐ — 0.4

04

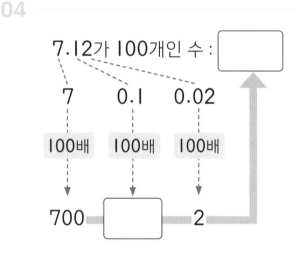

7.12가 100개인 수 : ☐

| 7 | 0.1 | 0.02 |

100배 | 100배 | 100배

700 — ☐ — 2

05

3.26이 10개인 수 : ☐

| 3 | 0.2 | 0.06 |

10배 | 10배 | 10배

☐ — 2 — ☐

06

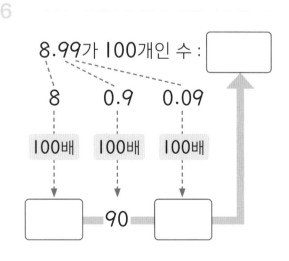

8.99가 100개인 수 : ☐

| 8 | 0.9 | 0.09 |

100배 | 100배 | 100배

☐ — 90 — ☐

▶ 개념 마무리 2

다른 수 하나를 찾아 ×표 하세요.

01

| 0.1이 53개인 수 | 0.53이 10개인 수 | ~~0.01이 53개인 수~~ | 5보다 0.3 큰 수 |

02

| 3.2 | 0.1이 320개인 수 | 0.32가 10개인 수 | 1이 3개, 0.1이 2개인 수 |

03

| 1이 6개, 0.1이 3개인 수 | 0.1이 603개인 수 | 60.3 | 60보다 0.3 큰 수 |

04

| 2.5보다 0.1 작은 수 | 0.1이 24개인 수 | 0.24가 10개인 수 | 0.01이 24개인 수 |

05

| 0.1이 16개인 수 | 0.16이 100개인 수 | 0.01이 160개인 수 | 1보다 0.6 큰 수 |

06

| 0.87보다 0.01 작은 수 | 0.01이 86개인 수 | 0.1이 860개인 수 | 0.8보다 0.06 큰 수 |

1

0.01이 100개인 수는 얼마입니까?

2

생략할 수 있는 0이 있는 소수에 ○표 하고, 괄호 안에 0을 생략한 수를 쓰시오.

40.96   31.70   0.08   85.00   20.8
(   ) (   ) (   ) (   ) (   )

3

빈칸에 알맞은 수를 쓰시오.

4보다 [   ] 큰 수는 4.52입니다.

4

주어진 소수를 수직선에 각각 표시하고, 크기를 비교하시오.

0.95 ◯ 1.02

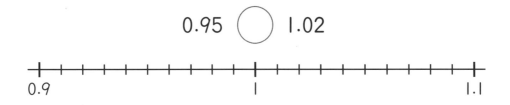

▶ 정답 및 해설 **21**쪽

5

주어진 **3**장의 수 카드를 한 번씩 사용하여 가장 큰 소수 두 자리 수와 가장 작은 소수 두 자리 수를 각각 만드시오.

     7   2   5   • 가장 큰 소수 두 자리 수 :

                             • 가장 작은 소수 두 자리 수 :

6

다음 소수 중 가장 큰 소수에 ◯표 하시오.

| 5.03 | 6.5 | 3.92 | 6.49 | 5.70 |

7

0.38이 10개인 수는 얼마입니까?

8

㉠에 들어갈 수 있는 가장 큰 소수 한 자리 수와, ㉡에 들어갈 수 있는 가장 작은 소수 한 자리 수를 각각 쓰시오.

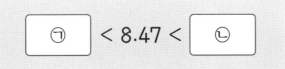

   ㉠ < 8.47 < ㉡   • ㉠ :

                             • ㉡ :

서술형으로 확인 ✏️

▶ 정답 및 해설 33쪽

1 소수 두 자리 수를 설명하고, 소수 두 자리 수를 1개 쓰세요. (힌트 65쪽)

2 0.01이 어떤 수인지 설명해 보세요. (힌트 66쪽)

3 82.4를 서로 다른 2가지 방법으로 표현해 보세요. (힌트 85쪽, 90쪽)

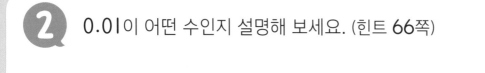
잠깐! 서술형으로 쓰기 어려워? 그럼 앞에서 배운 걸 떠올려 봐! 앞에서 찾아보고 적어도 좋아!

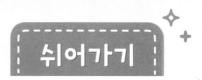

소수 친구, 분수

하나, 둘, 셋, …과 같은 자연수가 아니라,

하나를 쪼갠 부분을 나타낼 수 있는 수가 소수였죠.

그런데 소수 말고도 이렇게 하나를 쪼갠 부분을 나타낼 수 있는 수가 또 있는데요~

바로 **분수**라는 수입니다.

<table>
<tr><td>소수</td><td></td><td>분수</td></tr>
<tr><td>0.1</td><td>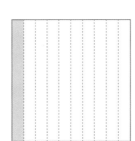</td><td>$\dfrac{1}{10}$</td></tr>
<tr><td>읽기: 영 점 일</td><td></td><td>읽기: 십 분의 일</td></tr>
</table>

소수는 반드시 10개, 100개, 1000개, …로 나누어진 것 중의 몇 개로

나타내어야 하지만, 분수는 5개, 23개, 999개, …처럼 마음대로 나누고

그중의 몇 개를 나타내는 방법으로 좀 더 자유롭게 쓸 수 있어요.

분수 : $\dfrac{1}{2}$ (뜻: 2개로 똑같이 나눈 것 중의 하나)

소수 :  0.5

(뜻: 10개로 똑같이 나눈 것 중의 다섯)

➡ $\dfrac{1}{2}$ = 0.5

이처럼 분수와 소수는 하나를 쪼갠 부분을 나타낼 수 있는 수입니다.

소수   분수

3

소수
세 자리 수

소수 한 자리 수, 소수 두 자리 수에 이어서

이번 단원에서는 소수 세 자리 수를 살펴보려고 합니다.

그런데…
소수 세 자리 수는 새로운 수가 아니에요.

소수 한 자리 수보다 더 세밀하게 표현하는 수가

소수 두 자리 수인 것처럼

소수 세 자리 수는 소수 두 자리 수보다

더 세밀한 부분까지 쓸 수 있는 수예요.

물론 소수 네 자리 수, 소수 다섯 자리 수도 가능하겠죠?

자, 그럼 지금부터 소수 세 자리 수를 시작할게요!

1을 1000으로 똑같이 나누기

0.1은?	**0.01은?**	**0.001은?**
➡ **1을 10으로** 똑같이 나눈 것 중의 하나	➡ **1을 100으로** 똑같이 나눈 것 중의 하나	➡ **1을 1000으로** 똑같이 나눈 것 중의 하나

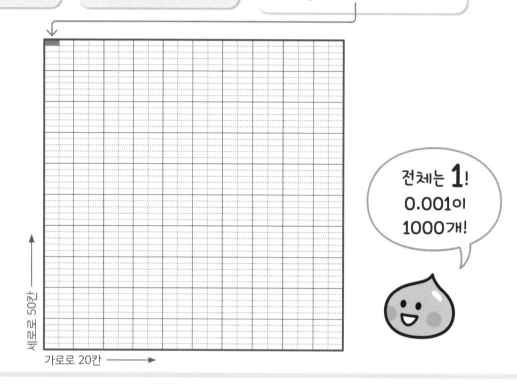

세로로 50칸 →

가로로 20칸 →

전체는 **1**!
0.001이
1000개!

▶ **개념 익히기 1**

빈칸을 알맞게 채우세요.

01

0.001은 1을 $\boxed{1000}$ 으로 똑같이 나눈 것 중의 하나입니다.

02

1을 1000으로 똑같이 나눈 것 중의 하나는 $\boxed{}$ 입니다.

03

0.001은 $\boxed{}$ 을 1000으로 똑같이 나눈 것 중의 하나입니다.

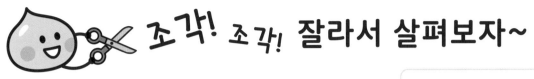

정사각형 하나는?
0.01
• 1을 100으로 똑같이 나눈 것 중의 하나
• 0.001이 10개

한 줄은?
0.1
• 1을 10으로 똑같이 나눈 것 중의 하나
• 0.001이 100개

제일 작은 한 칸은?
0.001
• 1을 1000으로 똑같이 나눈 것 중의 하나

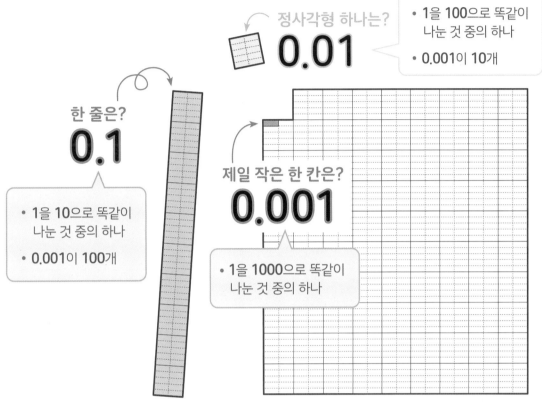

▶ **개념 익히기 2**

알맞은 소수를 쓰세요.

01

1을 10으로 똑같이 나눈 것 중의 하나 ➡ 0.1

02

1을 100으로 똑같이 나눈 것 중의 하나 ➡

03

1을 1000으로 똑같이 나눈 것 중의 하나 ➡

개념 다지기 1

전체 크기가 1인 모눈종이에 색칠한 부분을 보고, 알맞은 소수를 쓰세요.

01

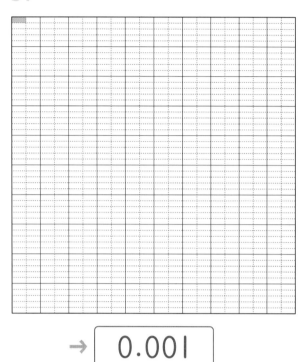

→ 0.001

02

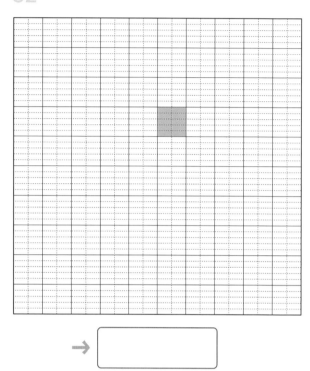

→

03

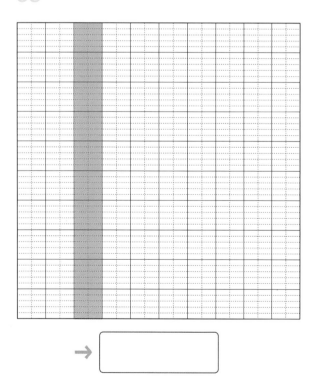

→

04

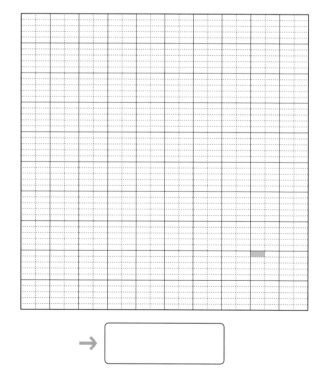

→

개념 다지기 2

전체 크기가 1인 모눈종이에 주어진 수만큼 색칠하세요.

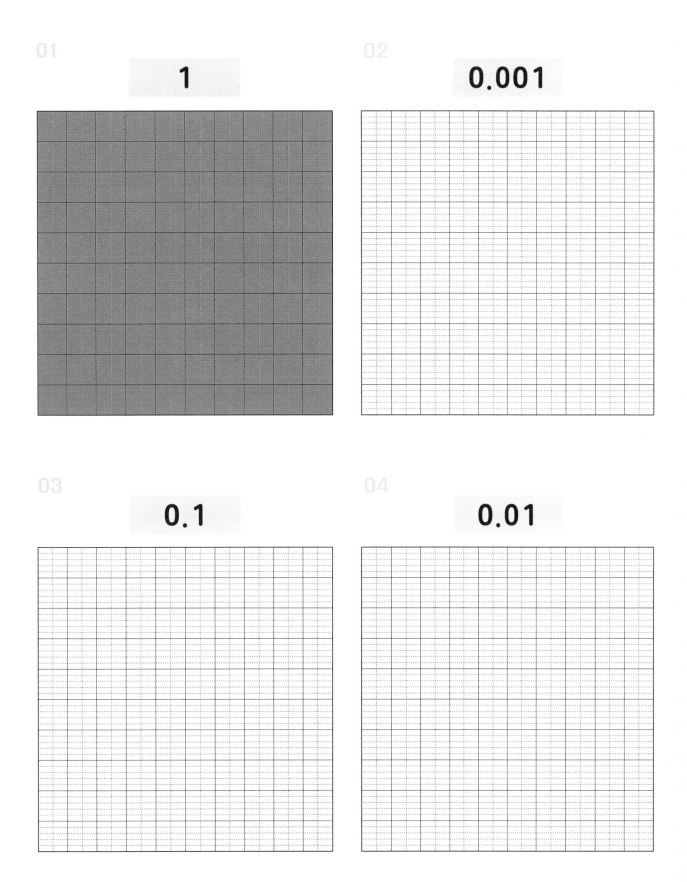

01

1

02

0.001

03

0.1

04

0.01

▶ 개념 마무리 1

관계있는 것끼리 선으로 이으세요.

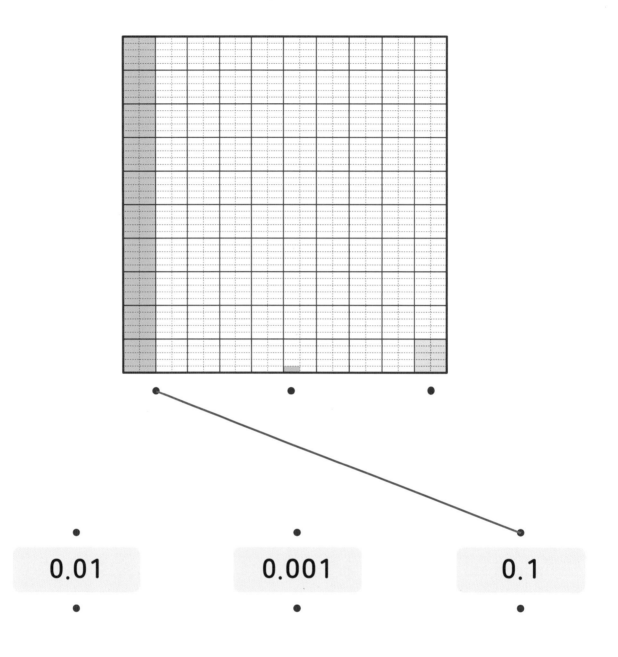

0.01 0.001 0.1

| 1을 10으로 똑같이 나눈 것 중의 하나 | 1을 100으로 똑같이 나눈 것 중의 하나 | 1을 1000으로 똑같이 나눈 것 중의 하나 |

● 개념 마무리 2

올바른 것에는 ○표, 틀린 것에는 ×표 하세요.

01

0.001이 100개이면 1입니다. (✕)

02

0.1이 10개이면 1입니다. ( )

03

1을 1000으로 똑같이 나눈 것 중의 하나가 0.001입니다. ( )

04

0.01이 100개이면 1입니다. ( )

05

1은 0.001이 100개입니다. ( )

06

1을 10으로 똑같이 나눈 것 중의 하나가 0.01입니다. ( )

소수 세 자리 수를 그림으로

$$0.257$$

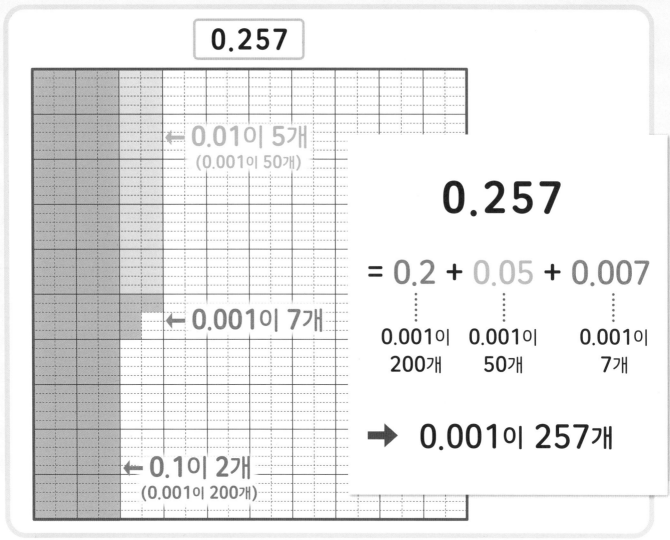

← 0.01이 5개
(0.001이 50개)

← 0.001이 7개

← 0.1이 2개
(0.001이 200개)

0.257

= 0.2 + 0.05 + 0.007

0.001이
200개

0.001이
50개

0.001이
7개

➡ **0.001이 257개**

▶ 개념 익히기 1

빈칸을 알맞게 채우세요.

01

$$0.381 = 0.3 + 0.08 + \boxed{0.001}$$

02

$$0.476 = 0.4 + \boxed{} + 0.006$$

03

$$0.509 = \boxed{} + 0.009$$

▶ 정답 및 해설 23쪽
3318

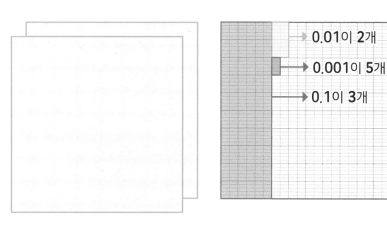

1보다 0.5 큰 수
➡ 1.5

4보다 0.78 큰 수
➡ 4.78

2보다 0.325 큰 수는?

2.325

0.01이 2개
0.001이 5개
0.1이 3개

2.325는 (1이 2개) (0.1이 3개) (0.01이 2개) (0.001이 5개) 입니다.

일의 자리	소수 첫째 자리	소수 둘째 자리	소수 셋째 자리
2			
0	3		
0	0	2	
0	0	0	5

▶ 개념 익히기 2

알맞은 숫자에 ○표 하세요.

01

소수 둘째 자리 10.6⑧4

02

소수 셋째 자리 3.957

03

소수 첫째 자리 11.025

전체 크기가 1인 모눈종이에 색칠한 부분을 보고, 알맞은 소수를 쓰세요.

01

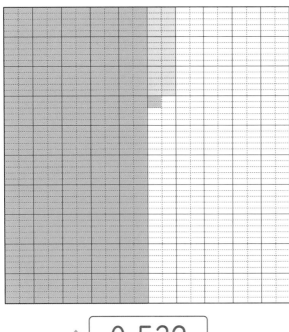

→ 0.532

02

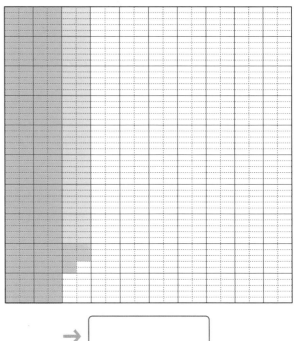

→ ☐

03

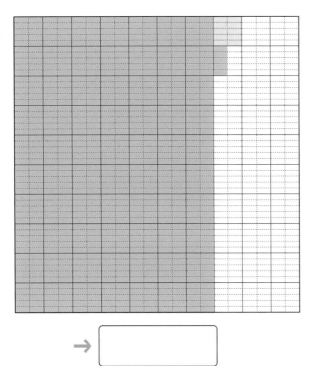

→ ☐

04

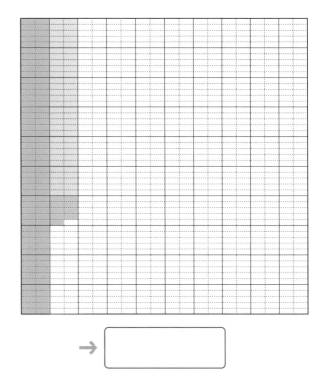

→ ☐

▶ 개념 다지기 2

전체 크기가 **1**인 모눈종이에 주어진 소수만큼 색칠하세요.

01

0.814

02

0.275

03

0.959

04

0.463

▶ 개념 마무리 1

밑줄 친 8은 무엇이 8개라는 의미인지 빈칸을 알맞게 채우세요.

01

23.4<u>8</u>7 ➡ $\boxed{0.01}$ 이 8개

02

1<u>8</u>.604 ➡ $\boxed{}$ 이 8개

03

0.<u>8</u>04 ➡ $\boxed{}$ 이 8개

04

5.0<u>8</u>1 ➡ $\boxed{}$ 이 8개

05

<u>8</u>1.207 ➡ $\boxed{}$ 이 8개

06

0.49<u>8</u> ➡ $\boxed{}$ 이 8개

▶ 개념 마무리 2

설명하는 수를 소수로 쓰세요.

01

- 소수 세 자리 수입니다.
- 1보다 작은 수입니다.
- 소수 첫째 자리 숫자는 5입니다.
- 소수 둘째 자리 숫자는 8입니다.
- 소수 셋째 자리 숫자는 9입니다.

➡ __0.589__

02

- 소수 세 자리 수입니다.
- 1보다 작은 수입니다.
- 소수 첫째 자리 숫자는 7입니다.
- 소수 둘째 자리 숫자는 3입니다.
- 소수 셋째 자리 숫자는 소수 첫째 자리 숫자와 같습니다.

➡ _____

03

- 4보다 크고 5보다 작은 소수 세 자리 수입니다.
- 소수 첫째 자리 숫자는 3입니다.
- 소수 둘째 자리 숫자는 2입니다.
- 소수 셋째 자리 숫자는 7입니다.

➡ _____

04

- 1보다 크고 2보다 작은 소수 세 자리 수입니다.
- 소수 첫째 자리 숫자는 5입니다.
- 소수 둘째 자리 숫자는 2입니다.
- 소수 세 자리 숫자의 합은 9입니다.

➡ _____

05

1이 30개 ┐
0.1이 5개 ┤ 인 수입니다.
0.01이 2개 ┤
0.001이 8개 ┘

➡ _____

06

1이 9개 ┐
0.1은 없고 ┤ 인 수입니다.
0.01이 1개 ┤
0.001이 4개 ┘

➡ _____

소수 세 자리 수와 수직선

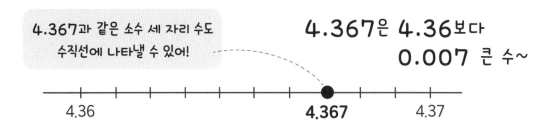

$$4 < 4.36 < 4.367 < 4.37 < 5$$

수직선에 소수의 위치 어림하기

4.367 → 4와 5 사이

4.367 → 4.3과 4.4 사이

4.367 → 4.36과 4.37 사이

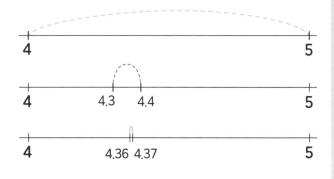

➡ **4.367은 4와 5 사이에서 4에 더 가깝습니다.**

▶ 개념 익히기 1

소수가 있을 위치에 ○표 하세요.

01

1.239

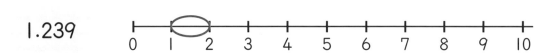

02

7.608

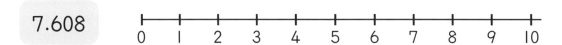

03

2.964

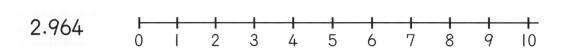

수직선의 점을 소수로!

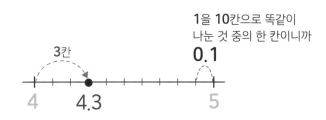

1을 **10**칸으로 똑같이
나눈 것 중의 한 칸이니까
0.1

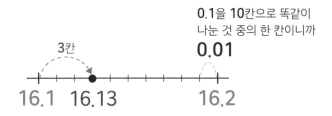

0.1을 **10**칸으로 똑같이
나눈 것 중의 한 칸이니까
0.01

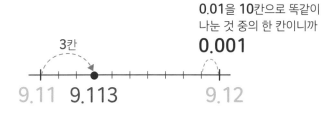

0.01을 **10**칸으로 똑같이
나눈 것 중의 한 칸이니까
0.001

한 칸이라고
다 같은 한 칸이
아니야~

한 칸의 크기를 찾는 방법

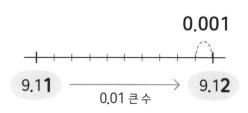

수직선에 표시된 두 수의 차이를 찾고,
몇 칸으로 나누어졌는지 보면,
한 칸의 크기를 알 수 있어!

▶ 개념 익히기 2

두 소수를 보고 빈칸을 알맞게 채우세요.

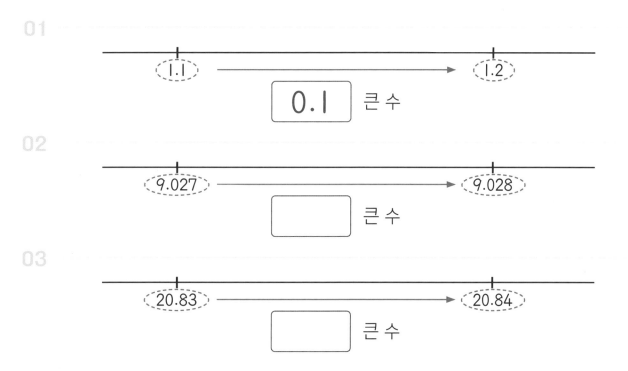

▶ 개념 다지기 1

두 수 사이를 10칸으로 똑같이 나눈 수직선입니다. 표시된 한 칸의 크기가 얼마
인지 쓰세요.

01

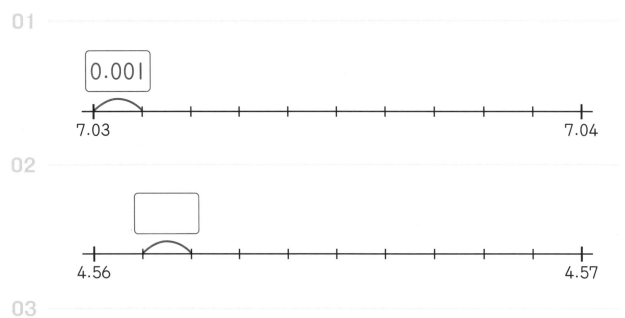

0.001

7.03   7.04

02

4.56   4.57

03

12   13

04

68.5   68.6

05

0.2   0.21

06

8.9   9

▶ 개념 다지기 2

주어진 두 소수를 수직선에 각각 표시하세요.

01

8.16

8.29

02

3.36

3.25

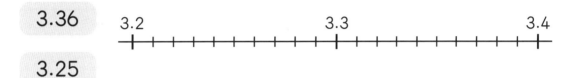

03

44.3

45.8

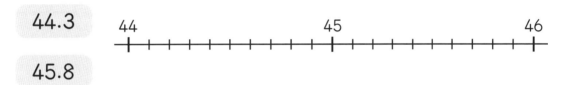

04

16.95

17.01

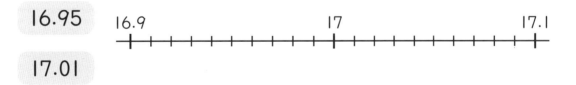

05

0.087

0.092

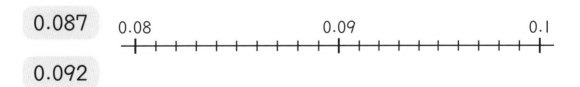

06

30.374

30.369

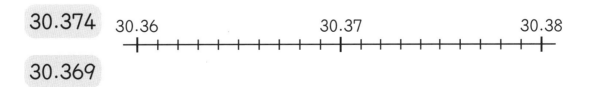

▶ 개념 마무리 1

수직선에 표시된 위치를 소수로 나타내세요.

01
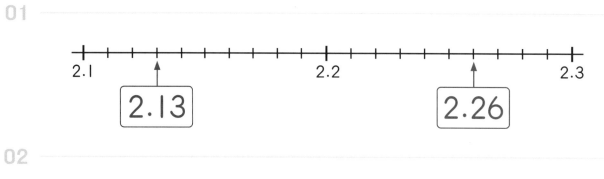

02
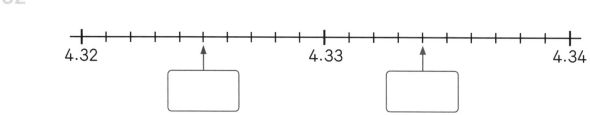

03
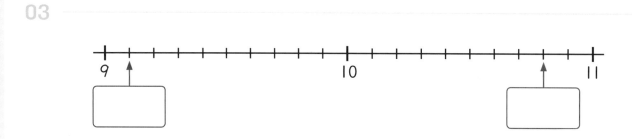

04
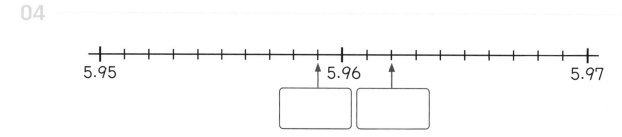

05
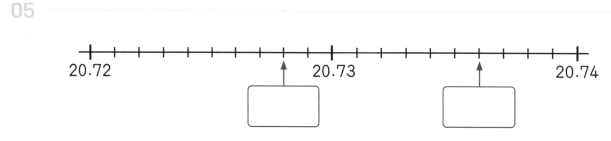

06
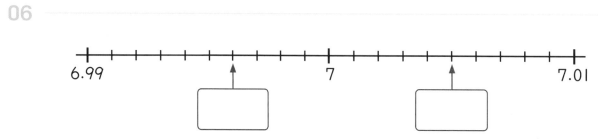

개념 마무리 2

수직선에 표시된 위치를 바르게 어림한 것에 ◯표 하세요.

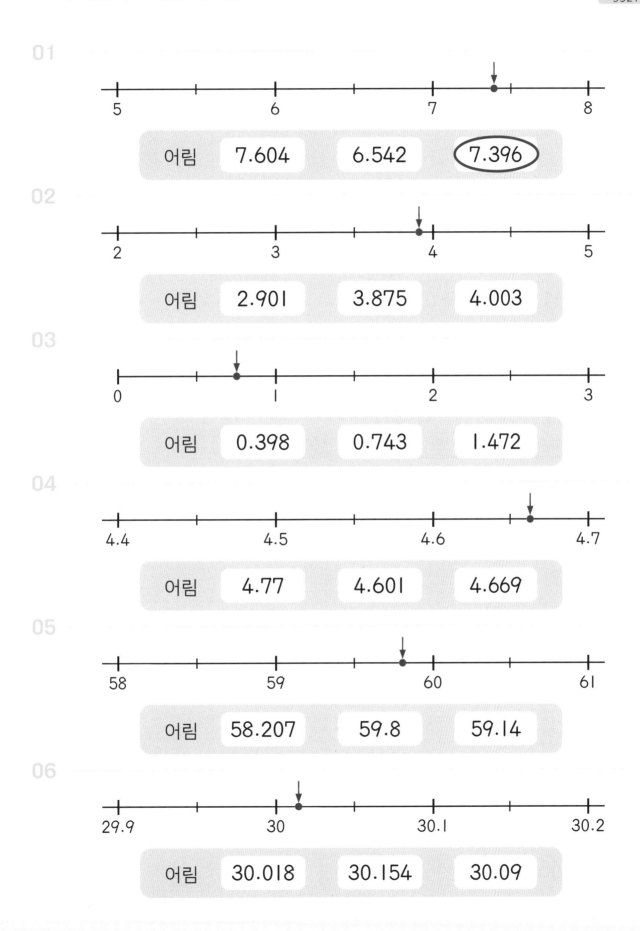

01

5　　　6　　　7　　　8

어림　7.604　6.542　⟨7.396⟩

02

2　　　3　　　4　　　5

어림　2.901　3.875　4.003

03

0　　　1　　　2　　　3

어림　0.398　0.743　1.472

04

4.4　　4.5　　4.6　　4.7

어림　4.77　4.601　4.669

05

58　　59　　60　　61

어림　58.207　59.8　59.14

06

29.9　　30　　30.1　　30.2

어림　30.018　30.154　30.09

0.001이 여러 개일 때

 0.001 0.1
0.01 1 을 한 번에 정리!

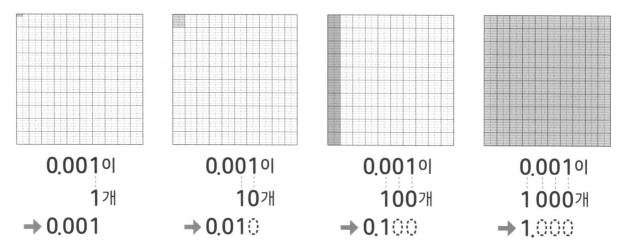

0.001이
1개
→ 0.001

0.001이
10개
→ 0.010

0.001이
100개
→ 0.100

0.001이
1000개
→ 1.000

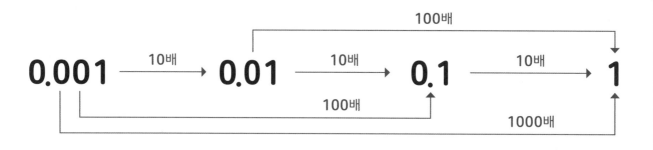

0.001 —10배→ 0.01 —10배→ 0.1 —10배→ 1
100배
100배
1000배

● 개념 익히기 1

빈칸을 알맞게 채우세요.

01

0.001이 10개인 수는 │ 0.01 │입니다.

02

0.001이 100개인 수는 │   │입니다.

03

0.001이 1000개인 수는 │   │입니다.

▶ 정답 및 해설 26쪽   3322

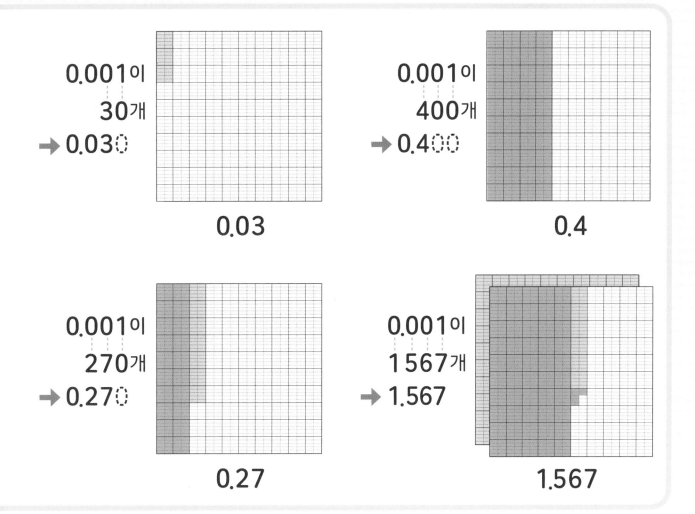

0.001이
30개
➡ 0.03⦿

0.03

0.001이
400개
➡ 0.4⦿⦿

0.4

0.001이
270개
➡ 0.27⦿

0.27

0.001이
1567개
➡ 1.567

1.567

▶ **개념 익히기 2**

점선을 따라 긋고 소수로 쓰세요. (생략할 수 있는 0은 생략합니다.)

01

0.0 0 1 이
2 4 0 개
➡ 0.24

02

0.0 0 1 이
5 0 0 개
➡

03

0.0 0 1 이
8 0 개
➡

▶ 개념 다지기 1

소수로 쓰세요.

01

0.0 0 1 이
1 1 0 개
➡ 0.11

02

0.0 0 1 이
9 9 0 개
➡ [ ]

03

0.0 0 1 이
4 0 0 개
➡ [ ]

04

0.0 0 1 이
1 5 0 0 개
➡ [ ]

05

0.0 0 1 이
8 2 7 0 개
➡ [ ]

06

0.0 0 1 이
2 0 개
➡ [ ]

▶ 개념 다지기 2

빈칸을 알맞게 채우세요.

01

0.01이 93개인 수는 $\boxed{0.93}$ 입니다.

02

0.4는 $\boxed{}$ 이 4개인 수입니다.

03

0.45는 0.001이 $\boxed{}$ 개인 수입니다.

04

0.8은 0.1이 $\boxed{}$ 개인 수입니다.

05

0.01이 542개인 수는 $\boxed{}$ 입니다.

06

2.7은 0.001이 $\boxed{}$ 개인 수입니다.

▶ 개념 마무리 1

빈칸을 알맞게 채우세요.

01

0.001이 50개

➡ $\boxed{0.05}$

➡ $\boxed{0.01}$ 이 5개

02

0.001이 70개

➡ $\boxed{}$

➡ $\boxed{}$ 이 7개

03

0.001이 800개

➡ $\boxed{}$

➡ $\boxed{}$ 이 8개

04

0.001이 120개

➡ $\boxed{}$

➡ $\boxed{}$ 이 12개

05

0.001이 360개

➡ $\boxed{}$

➡ $\boxed{}$ 이 36개

06

0.001이 4000개

➡ $\boxed{}$

➡ $\boxed{}$ 이 4개

▶ 개념 마무리 2

빈칸을 알맞게 채우세요.

01

0.001이 200개

➡️ [0.1]이 2개

02

0.001이 90개

➡️ [   ]이 9개

03

0.001이 130개

➡️ [   ]이 13개

04

0.001이 4800개

➡️ [   ]이 48개

05

0.001이 5720개

➡️ [   ]이 572개

06

0.001이 3000개

➡️ [   ]이 3개

소수의 크기 비교

 **소수의 크기 비교도 높은 자리부터!**

자연수의 크기 비교

198 < 200
└ 1 < 2 ┘

높은 자리부터 차례로 비교하여, 높은 자리의 수가 더 큰 쪽이 큰 수!

0.999 < 1
└─ 0 < 1 ─┘

0.053 < 0.1
└─ 0 < 1 ─┘

0.30 < 0.32
└─ 0 < 2 ─┘

0.234 > 0.231
└── 4 > 1 ──┘

⚠ 필요한 경우에 생략된 **0**을 붙여서 비교할 수 있어요.

▶ **개념 익히기 1**

두 수의 크기를 비교하여 ○ 안에 >, <를 알맞게 쓰세요.

01

    5.3 $\bigcirc\!\!<$ 5.6

02

    24.97 ◯ 24.95

03

    6.968 ◯ 7.835

▶ 정답 및 해설 **28**쪽

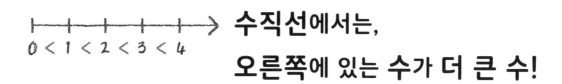

수직선에서는,
오른쪽에 있는 수가 더 큰 수!

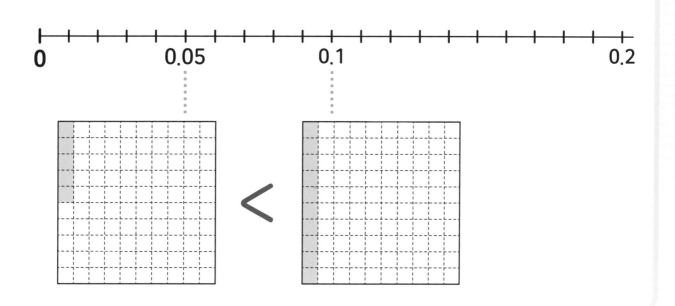

▶ **개념 익히기 2**

두 수의 크기를 비교할 수 있도록 생략된 0을 붙여 쓰고, 크기를 비교하세요.

01

6.719 ⟩ 6.710

02

4.15 ◯ 4.152

03

29.209 ◯ 29.2

두 소수를 수직선에 표시하고, 크기를 비교하세요.

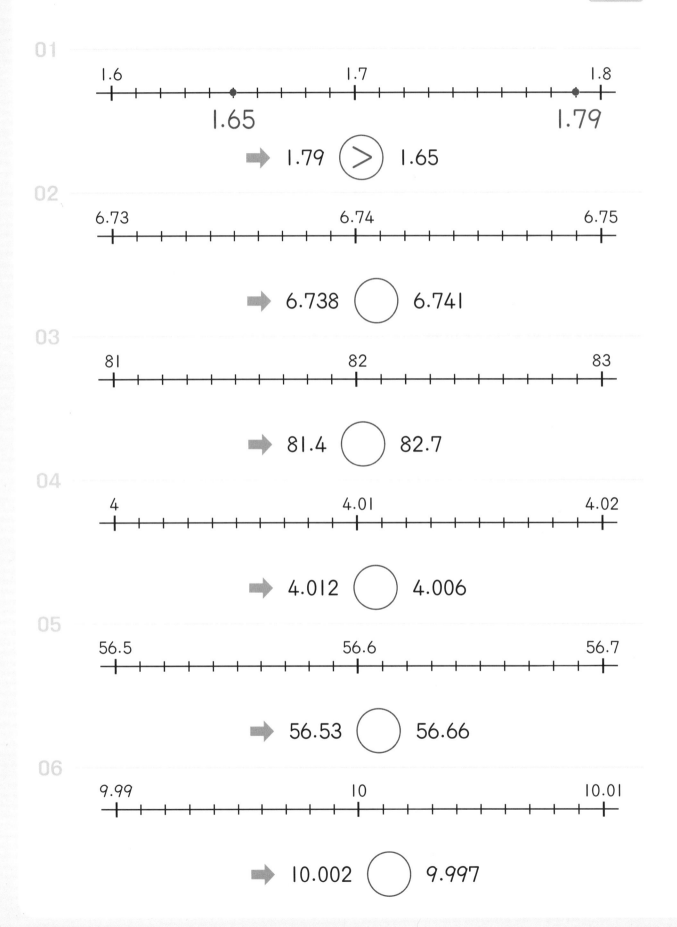

01
1.6　　　　1.7　　　　1.8
1.65　　　　1.79

➡ 1.79 ⟩ 1.65

02
6.73　　　6.74　　　6.75

➡ 6.738 ◯ 6.741

03
81　　　82　　　83

➡ 81.4 ◯ 82.7

04
4　　　4.01　　　4.02

➡ 4.012 ◯ 4.006

05
56.5　　　56.6　　　56.7

➡ 56.53 ◯ 56.66

06
9.99　　　10　　　10.01

➡ 10.002 ◯ 9.997

개념 다지기 2

물음에 답하세요.

01

윤아가 기르는 강아지 코코, 다롱이, 쿠키의 몸 무게를 재어 표로 나타냈습니다. **무거운** 강아지부터 순서대로 이름을 쓰세요.

쿠키, 코코, 다롱이

코코	4.157 kg
다롱이	3.807 kg
쿠키	4.21 kg

02

문정이의 필통에 있는 연필, 색연필, 볼펜의 길이를 재어 표로 나타냈습니다. **길이가 긴** 필기구부터 순서대로 이름을 쓰세요.

연필	13.36 cm
색연필	15.8 cm
볼펜	14.23 cm

03

냉장고 안에 있는 주스의 들이를 재어 표로 나타냈습니다. 들이가 **많은** 주스부터 순서대로 이름을 쓰세요.

포도주스	1.5 L
사과주스	0.942 L
오렌지주스	1.34 L

04

새우 과자, 감자 과자, 초코 과자의 무게를 재어 표로 나타냈습니다. **가벼운** 과자부터 순서대로 이름을 쓰세요.

새우 과자	90.3 g
감자 과자	110.7 g
초코 과자	90.34 g

05

세 친구들의 제자리 멀리뛰기 기록을 표로 나타냈습니다. **멀리 뛴** 친구부터 순서대로 이름을 쓰세요.

동훈	0.84 m
신비	0.67 m
유성	1.03 m

06

인혁이의 집에서부터 학교, 도서관, 테니스장까지의 거리를 표로 나타냈습니다. 집에서 **가까운** 곳부터 순서대로 쓰세요.

집~학교	0.847 km
집~도서관	2.08 km
집~테니스장	2.2 km

주어진 수 카드를 모두 한 번씩 사용하여 조건에 알맞은 소수를 만드세요.

01

| 1 | 7 | 4 | 3 | ➡ 가장 **큰** 소수 두 자리 수 : 74.31

02

| 2 | 8 | 6 | 9 | ➡ 가장 **큰** 소수 세 자리 수 :

03

| 5 | 3 | 4 | 8 | ➡ 가장 **작은** 소수 한 자리 수 :

04

| 7 | 0 | 2 | 1 | ➡ 가장 **작은** 소수 세 자리 수 :

05

| 4 | 1 | 9 | 2 | ➡ 가장 **큰** 소수 세 자리 수 :

06

| 8 | 3 | 6 | 5 | ➡ 가장 **작은** 소수 두 자리 수 :

▶정답 및 해설 **29**쪽

3325

▶ 개념 마무리 2

0부터 9까지의 수 중에서 [?] 안에 들어갈 수 있는 수를 모두 쓰세요.

01

$2.783 < 2.7\boxed{?}1$ ➡ $\boxed{?}$: 9

02

$5.524 < 5.52\boxed{?}$ ➡ $\boxed{?}$:

03

$1.36 > 1.3\boxed{?}$ ➡ $\boxed{?}$:

04

$6.437 < 6.\boxed{?}23$ ➡ $\boxed{?}$:

05

$72.14 > 72.\boxed{?}6$ ➡ $\boxed{?}$:

06

$31.416 > 31.\boxed{?}15$ ➡ $\boxed{?}$:

6 소수의 자릿수

같은 숫자라도 어느 자리에 있느냐에 따라 나타내는 값이 달라~

그렇다면 **3.333**은?

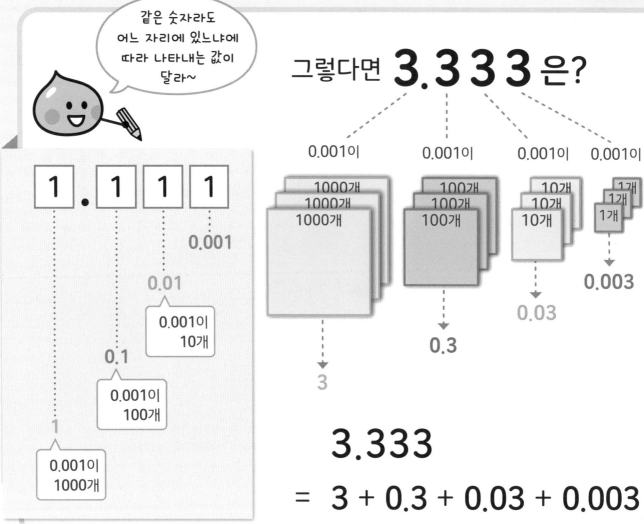

3.333
= 3 + 0.3 + 0.03 + 0.003

▶ 개념 익히기 1

빈칸을 알맞게 채우세요.

01

$14.789 = 14 + \boxed{0.7} + 0.08 + 0.009$

02

$50.263 = \boxed{} + 0.2 + \boxed{} + 0.003$

03

$106.601 = 106 + \boxed{} + \boxed{}$

▶ 정답 및 해설 **29**쪽

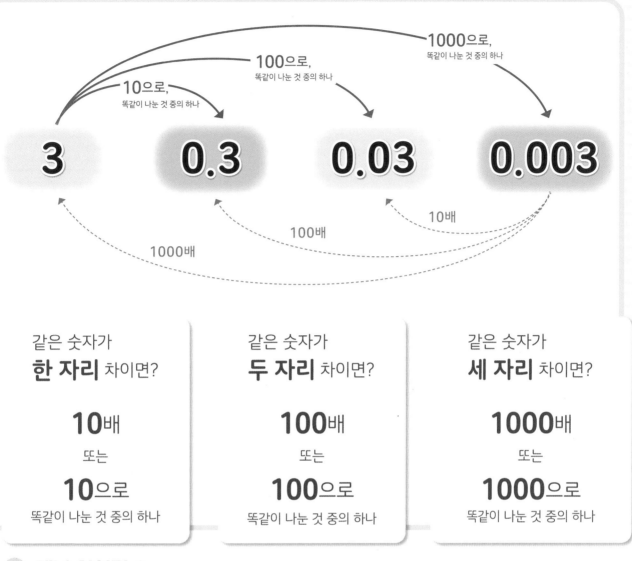

같은 숫자가 **한 자리** 차이면?	같은 숫자가 **두 자리** 차이면?	같은 숫자가 **세 자리** 차이면?
10배 또는 **10**으로 똑같이 나눈 것 중의 하나	**100**배 또는 **100**으로 똑같이 나눈 것 중의 하나	**1000**배 또는 **1000**으로 똑같이 나눈 것 중의 하나

▶ 개념 익히기 2

빈칸을 알맞게 채우세요.

01

4를 10으로 똑같이 나눈 것 중의 하나 ➡ 0.4

02

4를 100으로 똑같이 나눈 것 중의 하나 ➡

03

4를 1000으로 똑같이 나눈 것 중의 하나 ➡

▶ 개념 다지기 1

빈칸을 알맞게 채우세요.

01

6 → [10으로 똑같이 나눈 것 중의 1] → 0.6 → [10으로 똑같이 나눈 것 중의 1] → □ → [10으로 똑같이 나눈 것 중의 1] → □

02

7 → [10으로 똑같이 나눈 것 중의 1] → □ → [10으로 똑같이 나눈 것 중의 1] → □ → [10으로 똑같이 나눈 것 중의 1] → □

03

2 → [100으로 똑같이 나눈 것 중의 1] → □

04

9 → [1000으로 똑같이 나눈 것 중의 1] → □

05

8 → [100으로 똑같이 나눈 것 중의 1] → □

06

5 → [1000으로 똑같이 나눈 것 중의 1] → □

개념 다지기 2

화살표에 대해 바르게 설명한 것에 ✔표 하세요.

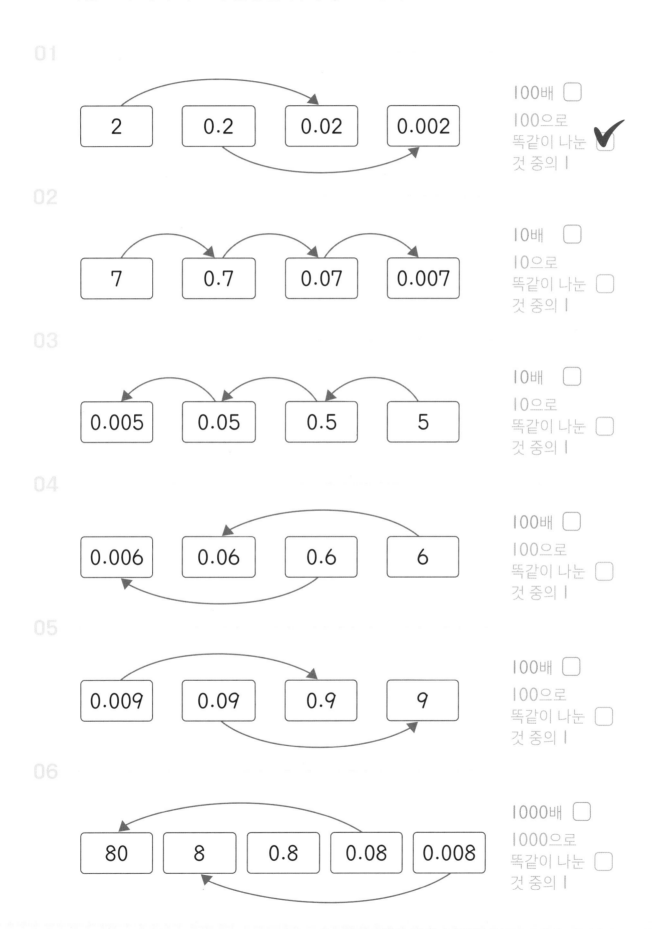

01

| 2 | 0.2 | 0.02 | 0.002 |

100배 ☐
100으로
똑같이 나눈 ✔
것 중의 1

02

| 7 | 0.7 | 0.07 | 0.007 |

10배 ☐
10으로
똑같이 나눈 ☐
것 중의 1

03

| 0.005 | 0.05 | 0.5 | 5 |

10배 ☐
10으로
똑같이 나눈 ☐
것 중의 1

04

| 0.006 | 0.06 | 0.6 | 6 |

100배 ☐
100으로
똑같이 나눈 ☐
것 중의 1

05

| 0.009 | 0.09 | 0.9 | 9 |

100배 ☐
100으로
똑같이 나눈 ☐
것 중의 1

06

| 80 | 8 | 0.8 | 0.08 | 0.008 |

1000배 ☐
1000으로
똑같이 나눈 ☐
것 중의 1

㉠과 ㉡이 나타내는 수를 각각 쓰고, 빈칸을 알맞게 채우세요.

3327

01

36.062
㉠ ㉡

→ ㉠ : 6
　㉡ : 0.06

→ ㉠은 ㉡의 □100 배

→ ㉡은 ㉠을 □100 으로 똑같이 나눈 것 중의 1

02

4.199
　㉠㉡

→ ㉠ :
　㉡ :

→ ㉠은 ㉡의 □ 배

→ ㉡은 ㉠을 □ 으로 똑같이 나눈 것 중의 1

03

21.12
㉠ ㉡

→ ㉠ :
　㉡ :

→ ㉠은 ㉡의 □ 배

→ ㉡은 ㉠을 □ 으로 똑같이 나눈 것 중의 1

04

37.327
㉠　　㉡

→ ㉠ :
　㉡ :

→ ㉠은 ㉡의 □ 배

→ ㉡은 ㉠을 □ 으로 똑같이 나눈 것 중의 1

05

5.212
㉠ ㉡

→ ㉠ :
　㉡ :

→ ㉠은 ㉡의 □ 배

→ ㉡은 ㉠을 □ 으로 똑같이 나눈 것 중의 1

06

0.559
　㉠㉡

→ ㉠ :
　㉡ :

→ ㉠은 ㉡의 □ 배

→ ㉡은 ㉠을 □ 으로 똑같이 나눈 것 중의 1

▶ **개념 마무리 2**

빈칸을 알맞게 채우세요.

01

3은 0.03의 [100] 배입니다.

02

5는 0.005의 [   ] 배입니다.

03

0.008은 0.08을 [   ] 으로 똑같이 나눈 것 중의 1입니다.

04

0.07은 7을 [   ] 으로 똑같이 나눈 것 중의 1입니다.

05

0.2는 0.02의 [   ] 배입니다.

06

0.4는 4를 [   ] 으로 똑같이 나눈 것 중의 1입니다.

소수점의 이동

숫자는 그대로! 소수점만 움직이면?

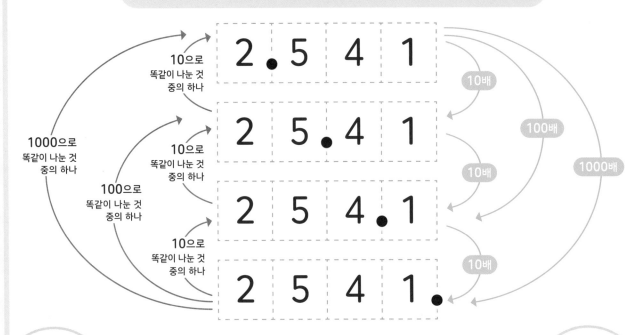

소수점이
← 왼쪽으로
갈수록 수가
작아지네~

2.541 25.41 254.1 2541.

소수점이
오른쪽 →으로
갈수록 수가
커지네~

▶ 개념 익히기 1

소수점이 이동한 방향에 ○표 하고, 이동한 칸 수를 쓰세요.

01	02	03
0.6 7 8	0.5 3	8 1 4.2
↓	↓	↓
6 7.8	5.3	8.1 4 2

01
소수점이
(← , (→)) 방향으로
[2] 칸 이동했습니다.

02
소수점이
(← , →) 방향으로
[ ] 칸 이동했습니다.

03
소수점이
(← , →) 방향으로
[ ] 칸 이동했습니다.

▶ 정답 및 해설 31쪽

3329

0의 개수만큼 자리 칸을 이동

2.3
→ 0.2 3

10으로
똑같이 나눈 것 중의 하나

●   ● **10배**

2.3
→ 2 3.

3.
→ 0.03

100으로
똑같이 나눈 것 중의 하나

●   ● **100배**

1.4
→ 1 4 0.

5000.
→ 5.000

1000으로
똑같이 나눈 것 중의 하나

●   ● **1000배**

0.5
→ 5 0 0.

소수점을 옮길 때
생긴 빈 자리는 **0**으로 채우기!

▶ **개념 익히기 2**

설명에 따라 소수점을 이동하여 ⤵표시를 하고, 알맞은 수를 쓰세요.

01   02   03

소수점을 ← 방향
으로 **2**칸 이동

소수점을 ← 방향
으로 **1**칸 이동

소수점을 → 방향
으로 **3**칸 이동

50.2

300.6

2.718

⬇   ⬇   ⬇

5.902

▶ 개념 다지기 1

설명에 따라 소수점을 이동했을 때 어떤 수가 될지, 수를 완성하세요.

01

| 1.7 | 소수점을 왼쪽으로 1칸 이동 | 0.1 7 |

02

| 0.24 | 소수점을 오른쪽으로 3칸 이동 | 2 4 |

03

| 3.8 | 소수점을 오른쪽으로 2칸 이동 | 3 8 |

04

| 590 | 소수점을 왼쪽으로 3칸 이동 | 5 9 |

05

| 6.6 | 소수점을 왼쪽으로 2칸 이동 | 6 6 |

06

| 8.2 | 소수점을 오른쪽으로 3칸 이동 | 8 2 |

▶정답 및 해설 **31**쪽

▶ 개념 다지기 2

설명에 알맞게 소수점이 이동하도록 선을 긋고, 점을 찍으세요.

01

| 100으로 |
| 똑같이 나눈 것 중의 1 |

02

| 100배 |

03

| 10으로 |
| 똑같이 나눈 것 중의 1 |

04

| 1000배 |

05

| 10배 |

06

| 1000으로 |
| 똑같이 나눈 것 중의 1 |

소수점의 위치가 어떻게 바뀔지 ⤸ 표시를 하고, 알맞은 수를 쓰세요.

01

100배   6.031 ➡ 603.1

02

10배   2.89 ➡

03

100으로
똑같이 나눈 것 중의 1   315.6 ➡

04

1000배   0.049 ➡

05

10으로
똑같이 나눈 것 중의 1   7.78 ➡

06

1000으로
똑같이 나눈 것 중의 1   2002 ➡

▶ 정답 및 해설 **32**쪽

▶ 개념 마무리 2

빈칸에 알맞은 수를 쓰세요.

01

3.9는 0.039의 | 100 | 배입니다.

02

476은 0.476의 | | 배입니다.

03

5.182는 518.2를 | | 으로 똑같이 나눈 것 중의 1입니다.

04

0.17은 0.017의 | | 배입니다.

05

3.04는 3040을 | | 으로 똑같이 나눈 것 중의 1입니다.

06

0.838은 8.38을 | | 으로 똑같이 나눈 것 중의 1입니다.

지금까지 소수 세 자리 수에 대해 살펴보았습니다.
얼마나 제대로 이해했는지 확인해 봅시다.

1

1이 3개, 0.1이 5개, 0.001이 2개인 수를 쓰고, 읽어 보시오.

쓰기   읽기

2

빈칸을 알맞게 채우시오.

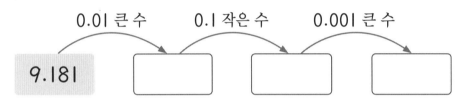

3

㉠이 나타내는 수는 ㉡이 나타내는 수의 몇 배입니까?

$$\underline{7}3.6\underline{7}2$$
㉠   ㉡

4

주어진 소수의 위치를 알맞게 나타낸 화살표에 ○표 하시오.

1.563

맞은 개수 8개	매우 잘했어요.
맞은 개수 6~7개	실수한 문제를 확인하세요.
맞은 개수 5개	틀린 문제를 2번씩 풀어 보세요.
맞은 개수 1~4개	앞부분의 내용을 다시 한번 확인하세요.

스스로 평가

▶ 정답 및 해설 32쪽

5

두 수의 크기를 비교하여 ○ 안에 >, <를 알맞게 쓰시오.

0.001이 2048개인 수 2보다 0.05 큰 수

6

0부터 9까지의 수 중에서 ? 안에 들어갈 수 있는 수를 모두 쓰시오.

8.36 < 8. ? 09 < 8.7

 ? : _____

7

60.8을 100으로 똑같이 나눈 것 중의 1은 얼마입니까?

8

은수가 가진 리본의 길이는 72 cm이고, 지호가 가진 리본의 길이는 0.735 m 입니다. 더 긴 리본을 가진 친구는 누구입니까? (1 m는 100 cm입니다.)

서술형으로 확인 ✏️

▶정답 및 해설 **33**쪽

1 0.001이 어떤 수인지 설명해 보세요. (힌트 102쪽)

2 0.1, 0.01, 0.001을 이용하여 1을 나타내어 보세요. (힌트 120쪽)

3 12.34를 2가지 방법으로 나타내어 보세요. (힌트 109쪽, 138쪽)

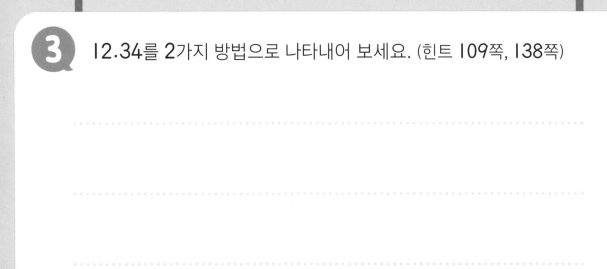

잠깐! 서술형으로 쓰기 어려워? 그럼 앞에서 배운 걸 떠올려 봐! 앞에서 찾아보고 적어도 좋아!

나노의 세계

수는 점점 커질 수도, 점점 작아질 수도 있어요.

0.01 m (=1 cm) 보다 더 작은 수에는 어떤 것들이 있을까요?

0.001 m = 1 mm (1 밀리미터)

0.000001 m = 1 ㎛ (1 마이크로미터)

0.000000001 m = 1 nm (1 나노미터)

나노(Nano)는 고대 그리스의 난쟁이를 뜻하는 나노스(Nanos)에서 유래된 말로 **아주 작은 것을** 뜻하는 말입니다.

1 나노미터는 머리카락 굵기를 10만 개로 똑같이 나눈 것 중의 하나 정도예요. 이렇게 크기가 아주 작아지면, 여러 가지 편리한 점이 생겨요. 예를 들면, 영양분의 크기가 작을수록 우리 몸이 더 잘 흡수할 수 있겠죠? 실제로 어떤 샴푸 회사에서는 두피와  머리카락에 좋은 성분을 나노의 크기로 만들어서 샴푸에 넣었다고 해요. 아주아주 작은 크기의 영양분이니까, 두피나 머리카락에 흡수가 잘 되겠죠!

이렇게 아주아주 작은 나노의 세계를 연구하는 나노기술(nano technology)은 사람의 손으로 치료하기 어려운 세밀한 수술도 가능하게 하고, 대학교 도서관에 해당하는 어마어마한 정보도 작은 반도체에 저장할 수 있게 하는 등 미래를 이끌어갈 첨단 기술이라고 합니다. 과학자를 꿈꾸는 우리 친구들이라면 나노기술을 이용해서 어떤 발명품을 만들면 좋을지 상상해 보세요!

1 빈칸을 알맞게 채우세요.

- 1 cm에는 0.1 cm가 [   ]개 있습니다.
- 0.01은 [   ]을 100으로 똑같이 나눈 것 중의 하나입니다.
- 1을 [   ]으로 똑같이 나눈 것 중의 하나는 0.001입니다.

2 0.1이 14개인 수를 쓰고, 수직선에 표시하세요.

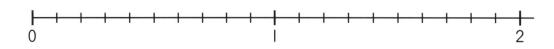

3 현수와 지영이가 3을 설명한 것입니다. 빈칸을 알맞게 채우세요.

- 현수 : 0.1이 [   ]개인 수
- 지영 : [   ]이 10개인 수

4 수직선에 표시된 곳에 알맞은 소수를 쓰고, 그림으로 나타내세요.

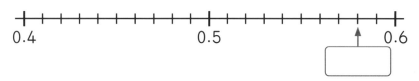
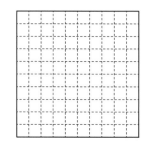

5 두 수의 크기를 비교하여 ○ 안에 >, <를 알맞게 쓰세요.

0.01이 127개인 수 ( ) 1보다 0.19 큰 수

6 10.08을 설명한 것으로 옳은 것에는 ○표, 틀린 것에는 ×표 하세요.

- 십 점 팔이라고 읽습니다. (   )
- 소수 부분은 0.08입니다. (   )
- 100배하면 1008입니다. (   )
- 0을 생략하여 쓸 수 있습니다. (   )

7 0.1이 82개, 0.01이 5개, 0.001이 1개인 수를 쓰세요.

8 ㉠, ㉡이 나타내는 수에 대한 설명입니다. 빈칸을 알맞게 채우세요.

24.094
㉠   ㉡

- ㉠은 ㉡의 □ 배입니다.
- ㉡은 ㉠을 □으로 똑같이 나눈 것 중의 하나입니다.

9 체육시간에 **50 m** 달리기 시합을 하였습니다. 은주는 11.1초, 수민이는 10.58초, 재훈이는 10.509초에 결승선을 통과했습니다. 가장 빨리 달린 사람은 누구일까요?

10 어떤 수를 100으로 똑같이 나눈 것 중의 하나가 0.008이었습니다. 어떤 수를 구하세요.

11 0부터 9까지의 수 중에서 빈칸에 공통으로 들어갈 수 있는 수를 모두 구하세요.

- 1.72 < 1.7□5 < 1.76
- 6.34 < 6.□49 < 6.8

12 설명에 알맞은 소수 세 자리 수를 쓰세요.

- 0.001의 개수가 5000개보다 많고, 5100개보다 적습니다.
- 소수 둘째 자리 숫자는 9입니다.
- 각 자리 숫자의 합은 17입니다.

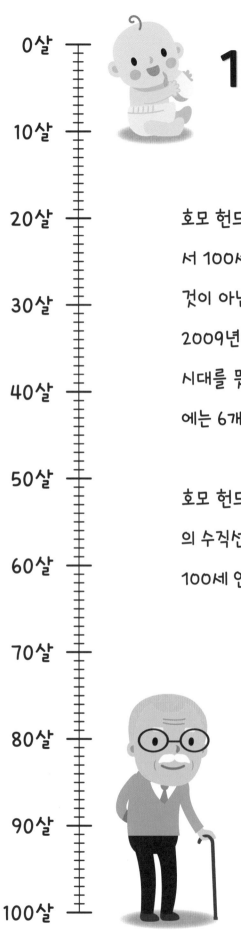

100세 시대! 호모 헌드레드!

0살
10살
20살
30살
40살
50살
60살
70살
80살
90살
100살

호모 헌드레드(Homo Hundred)는 인간의 수명이 연장되면서 100세 시대가 됐다는 것을 의미해요. 단순히 오래 사는 것이 아닌 건강하게 잘 사는 것을 의미하기도 하죠. 유엔이 2009년에 처음 사용한 이 용어는 100세 삶이 보편화되는 시대를 뜻해요. 평균 수명이 80세를 넘는 국가가 2000년에는 6개국에 불과했지만, 최근에는 30개국 넘게 급증했죠.

호모 헌드레드 시대를 사는 우리 친구들의 현재 나이를 왼쪽의 수직선에 표시하고, 몇 살에 무엇을 하고 싶은지 친구들의 100세 인생 계획표를 수직선에 써 보세요.

하고 싶은 일?

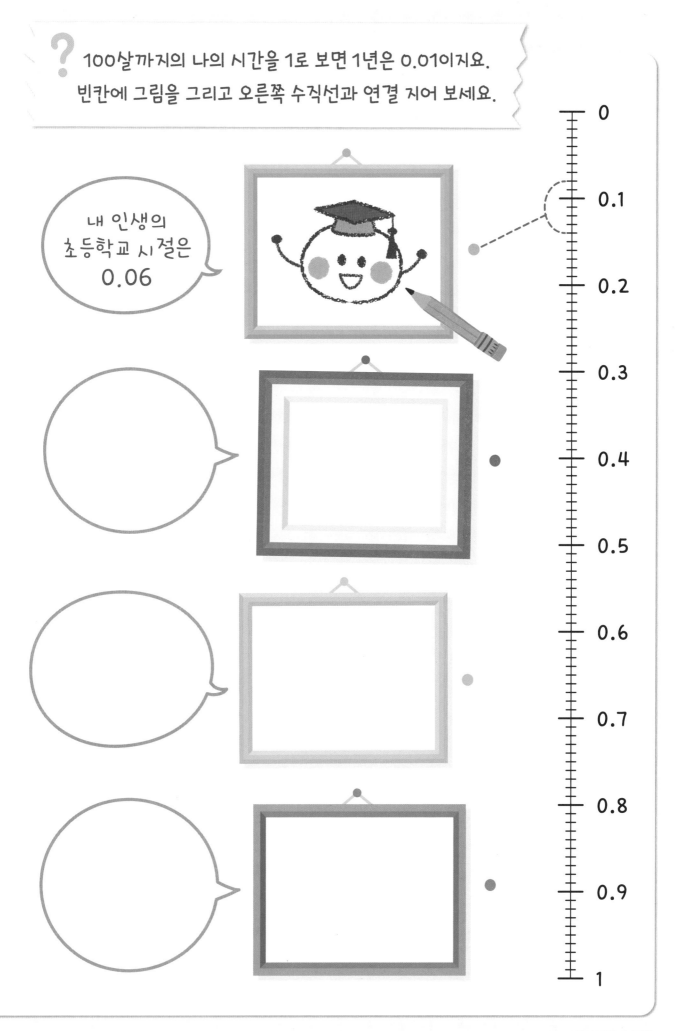

MEMO

정답 및 해설은 키출판사 홈페이지
(www.keymedia.co.kr)에서도
볼 수 있습니다.

개념이 먼저다

정답 및 해설

소수의 생김새

10 **11**

▶정답 및 해설 1쪽

| 소수 | 소수점 | 소수점 찍기 | 소수의 생김새 |

2.3
이런 **점**이 있어요!

0.2
내 이름? **소수점!**

4.|
소수점은 중간보다 아래쪽에.
속 안을 채운 동그란 모양의 점이에요.

7.||
소수점을 기준으로
← **왼쪽** 과 **오른쪽에** →
수가 있어야 해요.
수가 많아도 괜찮고,
0만 있어도 괜찮아요~

이렇게 ●이 있는 수가
소수 예요.

소수에 있는 점이니까 소수점!
소수에 있는 ●의 이름은
소수점 이에요.

2·9 **8,5**
(X) (X)

3. **.5** **21.89** **0.0**
(X) (X) (○) (○)

▶ **개념 익히기 1**
소수에 모두 ○표 하세요. (2개)

01
(1.5)   3   (0.1)   10

02
8   (2.7)   1   (1.1)

03
.31   30.   (2.9)   (0.0)

▶ **개념 익히기 2**
소수점을 잘못 찍은 것에 ×표 하세요.

01
0.8   90.3   ~~5·4~~   10.0

02
8.2   ~~7·7~~   1.1   1.10

03
2.007   0.03   22.89   ~~34·6~~

---

12 **13**

▶정답 및 해설 1쪽

▶ **개념 다지기 1**
소수점을 잘못 찍은 것을 찾아 ×표 하고, 바르게 고치세요.

01
7.8   ~~1·2~~   6.4   9.1
　　　 1.2

02
2.33   5.7   1.1   ~~0·10~~
　　　　　　　　　　　 0.10

03
31.1   ~~20·9~~   22.4   34.6
　　　 20.9

04
~~1·5~~   9.03   5.49   11.11
1.5

05
~~8·64~~   7.7   9.12   0.1
8.64

06
0.007   0.03   ~~14·89~~   40.9
　　　　　　　　 14.89

▶ **개념 다지기 2**
소수가 되도록 지시대로 소수점을 찍어 보세요.

01
4와 5 사이에 소수점 찍기 ➡ 4**.**5 1

02
6과 8 사이에 소수점 찍기 ➡ 7 6**.**8

03
4의 오른쪽에 소수점 찍기 ➡ 4**.**5 0 1

04
1의 왼쪽에 소수점 찍기 ➡ 2 9**.**1 3

05
7의 왼쪽에 소수점 찍기 ➡ 2 3 4**.**7 0

06
3의 오른쪽에 소수점 찍기 ➡ 1 2 3**.**4 5 6

14 15

▶ 정답 및 해설 2쪽

▶ 개념 마무리 1
소수가 되도록 소수점을 찍어 보세요.

01 0.1

02 0.2

03 7.0 4 (또는 70.4)

04 2 2.1 (또는 2.21)

05 6.7 8 (또는 67.8)

06 1 3.5 5 (또는 1.355 또는 135.5)

▶ 개념 마무리 2
그림에 숨어있는 소수 7개를 모두 찾아 ○표 하세요.

16 17

소수 읽기

수는 왼쪽에서부터 읽죠.
소수도 왼쪽부터 읽어요!
근데 소수는 **소수점도 '점'으로 읽어요.**

174
읽기: 백칠십사

✏️ 쓰기 **5.1**

🔊 읽기 **오 점 일**

▶ 정답 및 해설 2쪽

소수는 소수 점을 기준으로
왼쪽 과 오른쪽을 읽는 방법이 달라요.

803.803

팔 백 삼 점 팔 영 삼

...몇백 몇십 몇으로 읽어요. 숫자 하나하나를 따로 읽어요.

▶ 개념 익히기 1
소수를 바르게 읽은 것에 ○표 하세요.

01 3.6 삼십육 (삼 점 육) 삼과 육

02 1.8 일 땡 팔 일팔 (일 점 팔)

03 4.9 (사 점 구) 사 그리고 구 마흔아홉

▶ 개념 익히기 2
소수를 읽은 것을 보고 알맞은 소수에 ○표 하세요.

01 영 점 구 0 9 (0.9) 9 0 9.0

02 이 점 팔 8.2 28 208 (2.8)

03 칠 점 이 .72 2.7 (7.2) 72.

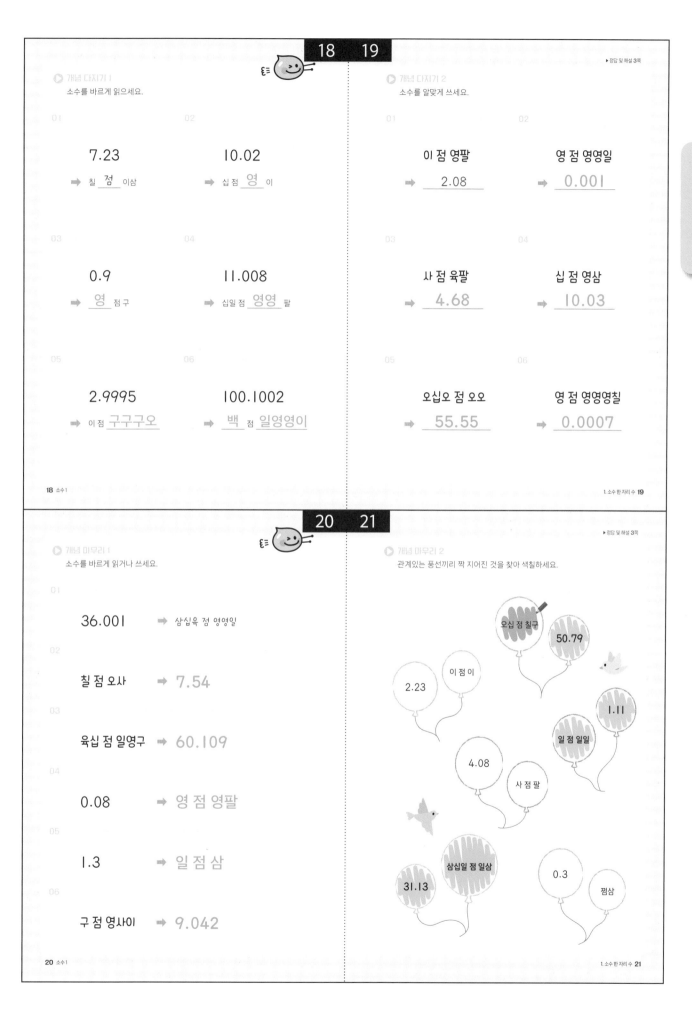

▶정답 및 해설 **3**쪽

개념 다지기 1

소수를 바르게 읽으세요.

01
7.23
➡ 칠 <u>점</u> 이삼

02
10.02
➡ 십점 <u>영</u> 이

03
0.9
➡ <u>영</u> 점구

04
11.008
➡ 십일점 <u>영영</u> 팔

05
2.9995
➡ 이점 <u>구구구오</u>

06
100.1002
➡ <u>백</u> 점 <u>일영영이</u>

개념 다지기 2

소수를 알맞게 쓰세요.

01
이 점 영팔
➡ <u>2.08</u>

02
영 점 영영일
➡ <u>0.001</u>

03
사 점 육팔
➡ <u>4.68</u>

04
십 점 영삼
➡ <u>10.03</u>

05
오십오 점 오오
➡ <u>55.55</u>

06
영 점 영영영칠
➡ <u>0.0007</u>

▶정답 및 해설 **3**쪽

개념 마무리 1

소수를 바르게 읽거나 쓰세요.

01
36.001 ➡ 삼십육 점 영영일

02
칠 점 오사 ➡ 7.54

03
육십 점 일영구 ➡ 60.109

04
0.08 ➡ 영 점 영팔

05
1.3 ➡ 일 점 삼

06
구 점 영사이 ➡ 9.042

개념 마무리 2

관계있는 풍선끼리 짝 지어진 것을 찾아 색칠하세요.

오십 점 칠구
50.79
이 점 이
2.23
1.11
일 점 일일
4.08
사 점 팔
삼십일 점 일삼
31.13
0.3
쩜삼

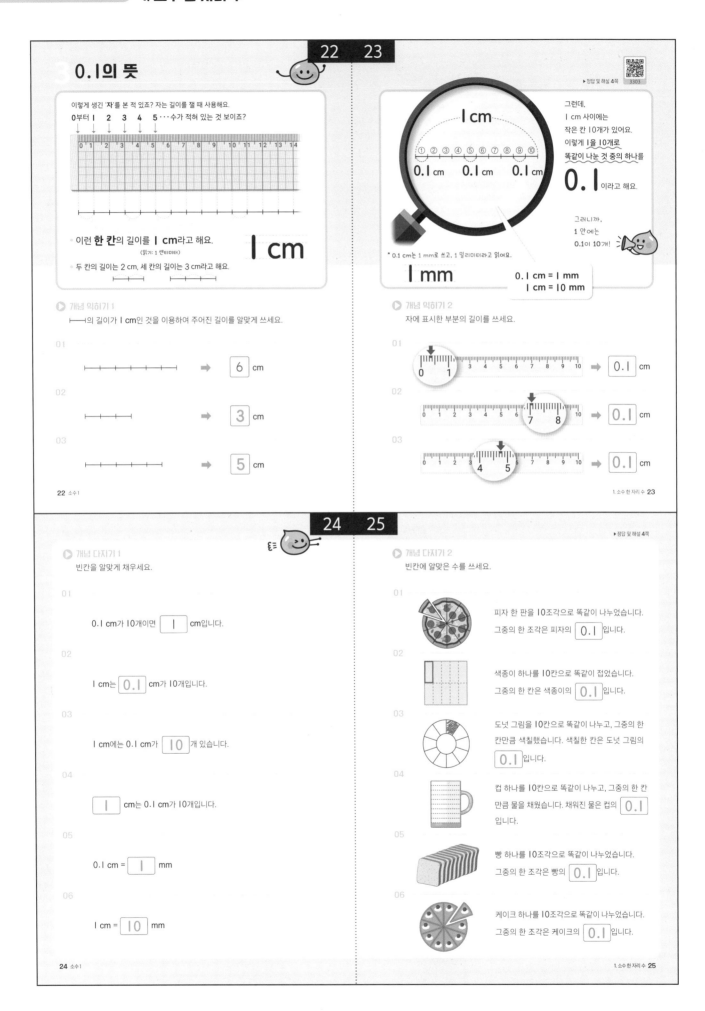

▶ 정답 및 해설 5쪽

◉ 개념 마무리 1
빈칸을 알맞게 채우세요.

01
0.1이 10개이면 **1** 입니다.

02
0.1 이 10개이면 1입니다.

03
0.1이 **10** 개이면 1입니다.

04
0.1 은 1을 10개로 똑같이 나눈 것 중의 하나입니다.

05
0.1은 1을 **10** 개로 똑같이 나눈 것 중의 하나입니다.

06
0.1은 **1** 을 10개로 똑같이 나눈 것 중의 하나입니다.

◉ 개념 마무리 2
0.1을 찾아서 색칠하세요. (5군데)

0.1부터 1까지

▶ 정답 및 해설 5쪽
3304

1이 한 개씩 많아지면 1, 2, 3, 4, …와 같이 쓰는데
0.1이 한 개씩 많아지면 어떻게 쓸까요?

1을 확대~
1 안에는 0.1이 10개

0.1이
한 개, 한 개 더, 더, ••••
0 0.1 0.2 0.3 0.4 0.5 0.6 0.7 0.8 0.9 1.0=1
0.1이 2개   0.1이 6개   0.1이 10개

1이 한 개씩 많아질 때	1	2	3	4	5	6	7	8	9	10
0.1이 한 개씩 많아질 때	0.1	0.2	0.3	0.4	0.5	0.6	0.7	0.8	0.9	1.0 =1

0.1이 1개   0.1이 5개   0.1이 10개
0.1   0.5   1

➡ 0.1 < 0.5 < 1

0.▲ < 1
0.▲는 1보다 항상 작아요.

◉ 개념 익히기 1
빈칸을 알맞게 채우세요.

01
0.1이 4개 ➡ **0.4**

02
0.1이 3개 ➡ **0.3**

03
0.1이 7개 ➡ **0.7**

◉ 개념 익히기 2
빈칸을 알맞게 채우세요.

01
0.5 ➡ 0.1이 **5** 개

02
0.6 ➡ 0.1이 **6** 개

03
0.8 ➡ 0.1이 **8** 개

정답 및 해설

정답 및 해설

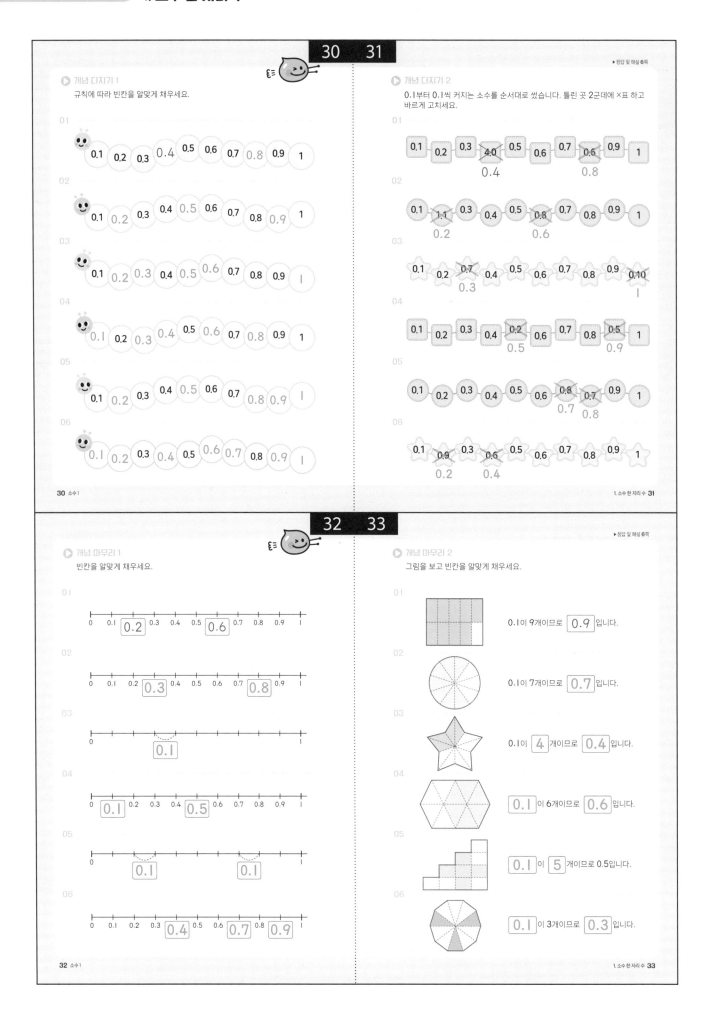

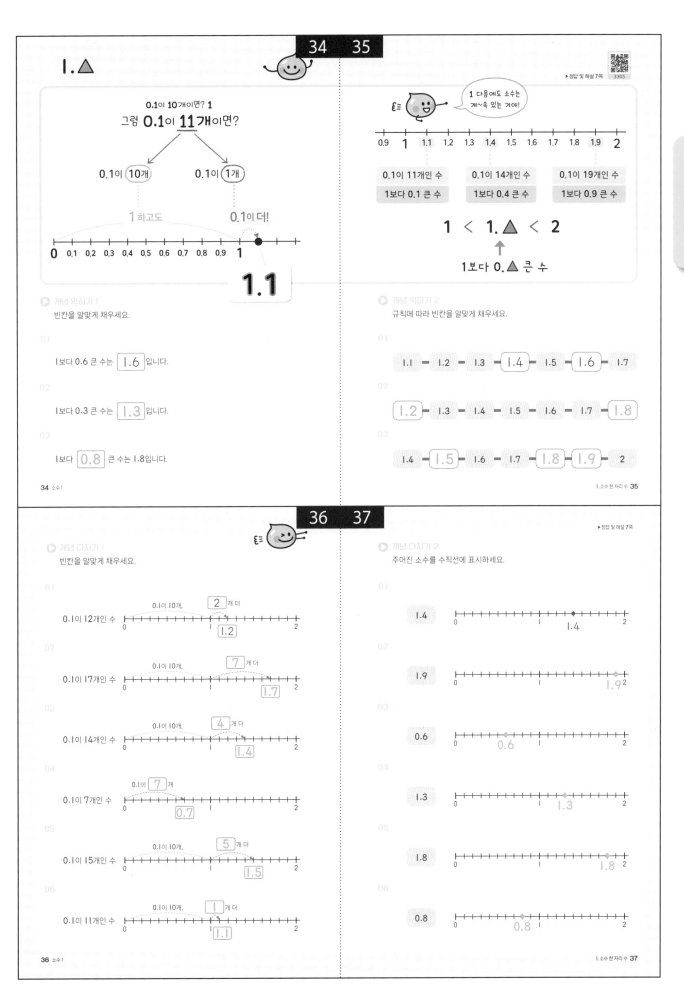

1.△

0.1이 10개이면? 1
그럼 0.1이 11개이면?

0.1이 10개　　0.1이 1개

1 하고도　　0.1이 더!

0 0.1 0.2 0.3 0.4 0.5 0.6 0.7 0.8 0.9 1

1.1

개념 익히기 1

빈칸을 알맞게 채우세요.

01 1보다 0.6 큰 수는 1.6 입니다.

02 1보다 0.3 큰 수는 1.3 입니다.

03 1보다 0.8 큰 수는 1.8입니다.

34 소수1

▶정답 및 해설 7쪽
3305

1 다음에도 소수는
계~속 있는 거야!

0.9 1 1.1 1.2 1.3 1.4 1.5 1.6 1.7 1.8 1.9 2

0.1이 11개인 수　　0.1이 14개인 수　　0.1이 19개인 수
1보다 0.1 큰 수　　1보다 0.4 큰 수　　1보다 0.9 큰 수

1 < 1.△ < 2

↑
1보다 0.△ 큰 수

개념 익히기 2

규칙에 따라 빈칸을 알맞게 채우세요.

01 1.1 — 1.2 — 1.3 — 1.4 — 1.5 — 1.6 — 1.7

02 1.2 — 1.3 — 1.4 — 1.5 — 1.6 — 1.7 — 1.8

03 1.4 — 1.5 — 1.6 — 1.7 — 1.8 — 1.9 — 2

1. 소수 한 자리 수 35

개념 다지기 1

빈칸을 알맞게 채우세요.

01 0.1이 12개인 수
0.1이 10개, 2 개 더
0 1 2
1.2

02 0.1이 17개인 수
0.1이 10개, 7 개 더
0 1 2
1.7

03 0.1이 14개인 수
0.1이 10개, 4 개 더
0 1 2
1.4

04 0.1이 7개인 수
0.1이 7 개
0 1 2
0.7

05 0.1이 15개인 수
0.1이 10개, 5 개 더
0 1 2
1.5

06 0.1이 11개인 수
0.1이 10개, 1 개 더
0 1 2
1.1

36 소수1

▶정답 및 해설 7쪽

개념 다지기 2

주어진 소수를 수직선에 표시하세요.

01 1.4
0 1.4 2

02 1.9
0 1 1.9 2

03 0.6
0 0.6 2

04 1.3
0 1.3 2

05 1.8
0 1 1.8 2

06 0.8
0 0.8 1 2

1. 소수 한 자리 수 37

38　39

▶정답 및 해설 8쪽

개념 마무리 1

크기를 비교하여 ○ 안에 >, <를 알맞게 쓰세요.

01　　0.5 $<$ 2

02　　1.3 $>$ 1

03　　0.2 $<$ 2

04　　2 $>$ 1.4

05　　0.9 $<$ 1.8

06　　1 $>$ 0.9

개념 마무리 2

작은 수부터 순서대로 쓰세요.

01
| 0.4 | 2 | 1.3 | 1 |

➡ 0.4, 1, 1.3, 2

02
| 0.6 | 1.6 | 0 | 1.2 |

➡ 0, 0.6, 1.2, 1.6

03
| 1.8 | 0.2 | 1.1 | 0.9 |

➡ 0.2, 0.9, 1.1, 1.8

04
| 1 | 0.3 | 0.5 | 1.4 |

➡ 0.3, 0.5, 1, 1.4

05
| 0.7 | 0 | 1.5 | 2 |

➡ 0, 0.7, 1.5, 2

06
| 1.9 | 0.1 | 1.7 | 0.8 |

➡ 0.1, 0.8, 1.7, 1.9

40　41

소수와 자연수

▶정답 및 해설 8쪽

3306

소수

'작다(小)' 라는 뜻

작은 수라는 뜻으로, 1보다 작은 수도 나타낼 수 있어요.

■ . ▲

■보다 0.▲ 큰 수
소수 부분
이라고 해요.

1.5　1보다 0.5 큰 수

수직선에 ■ . ▲ 나타내기

① 여기를 먼저 수직선에서 찾고,

② 소수 부분만큼 오른쪽으로 더 가기

11.5

① 11에서　② 0.5만큼 더!

10　　11　11.5　12

2.0

2에서 멈춤!

0　1　2　3

이렇게 소수 부분이 0인 1, 2, 3, 4, … 를 **자연수**라고 불러요.

소수 부분이 0이면 생략할 수 있어!

■ . 0̸ = ■

자연수에 .0을 붙여서 소수 모양으로 쓸 수 있어!

■ = ■ . 0

자연수는 0.1이 몇십 개!

0.1이 10개　0.1이 10개　0.1이 10개　0.1이 10개

0　1　2　3　4

0.1이 30개

개념 익히기 1

소수 부분을 쓰세요.

01　　2.6의 소수 부분 : 0.6

02　　9.8의 소수 부분 : 0.8

03　　1.5의 소수 부분 : 0.5

개념 익히기 2

자연수를 소수 모양으로 나타내세요.

01　　8 ➡ 8.0

02　　5 ➡ 5.0

03　　7 ➡ 7.0

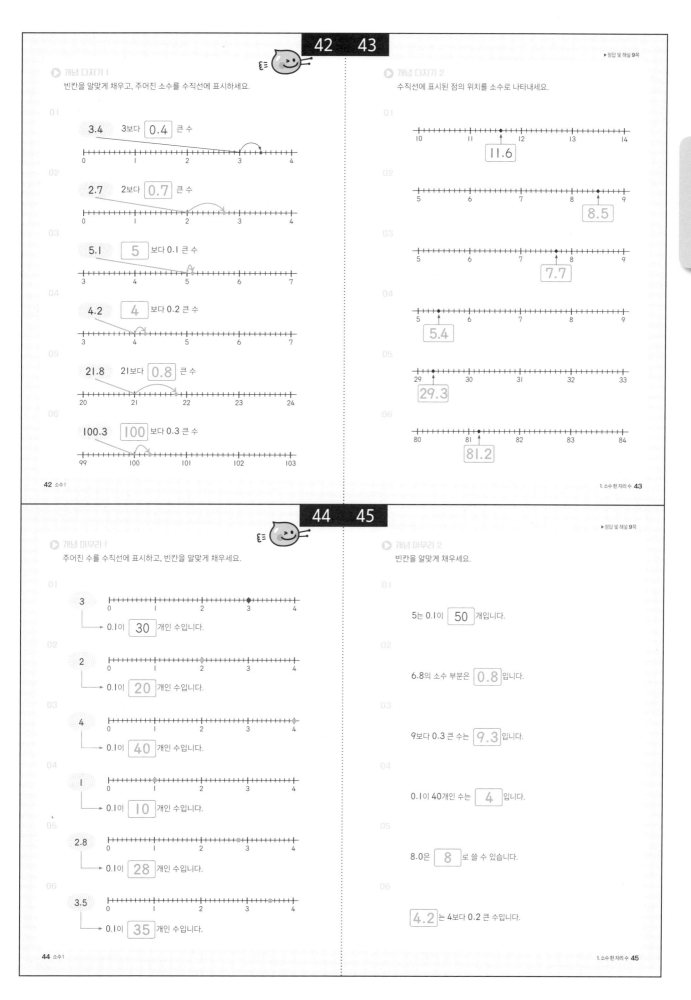

개념 다지기 1

빈칸을 알맞게 채우고, 주어진 소수를 수직선에 표시하세요.

01

3.4   3보다 0.4 큰 수

02

2.7   2보다 0.7 큰 수

03

5.1   5 보다 0.1 큰 수

04

4.2   4 보다 0.2 큰 수

05

21.8   21보다 0.8 큰 수

06

100.3   100 보다 0.3 큰 수

개념 다지기 2

수직선에 표시된 점의 위치를 소수로 나타내세요.

01

11.6

02

8.5

03

7.7

04

5.4

05

29.3

06

81.2

개념 마무리 1

주어진 수를 수직선에 표시하고, 빈칸을 알맞게 채우세요.

01

3   0.1이 30 개인 수입니다.

02

2   0.1이 20 개인 수입니다.

03

4   0.1이 40 개인 수입니다.

04

1   0.1이 10 개인 수입니다.

05

2.8   0.1이 28 개인 수입니다.

06

3.5   0.1이 35 개인 수입니다.

개념 마무리 2

빈칸을 알맞게 채우세요.

01

5는 0.1이 50 개입니다.

02

6.8의 소수 부분은 0.8 입니다.

03

9보다 0.3 큰 수는 9.3 입니다.

04

0.1이 40개인 수는 4 입니다.

05

8.0은 8 로 쓸 수 있습니다.

06

4.2 는 4보다 0.2 큰 수입니다.

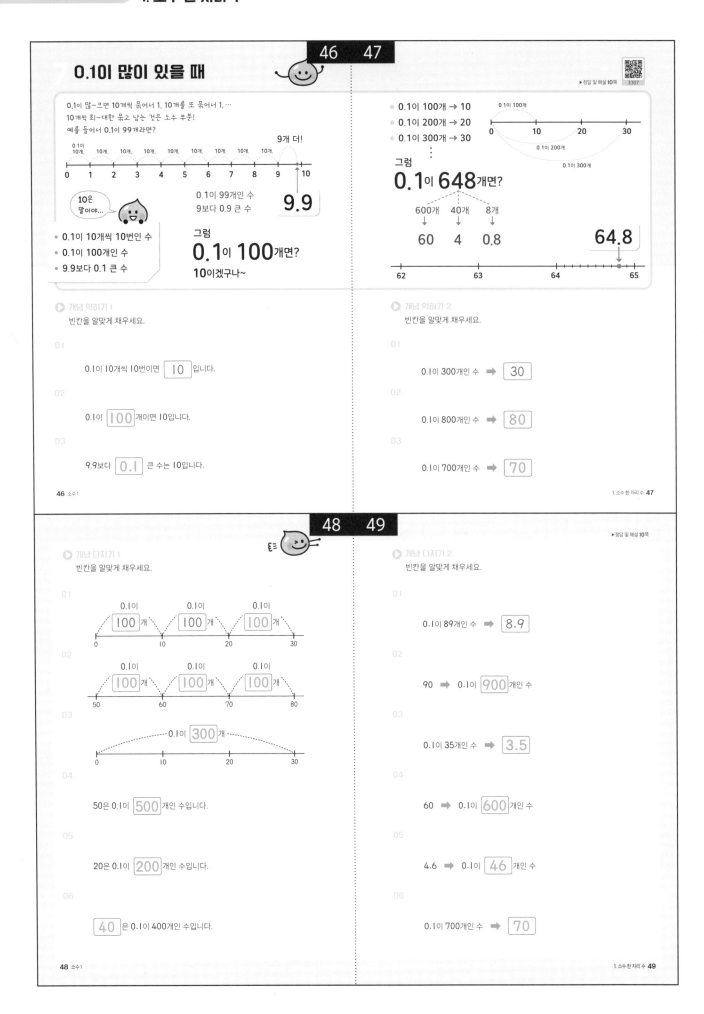

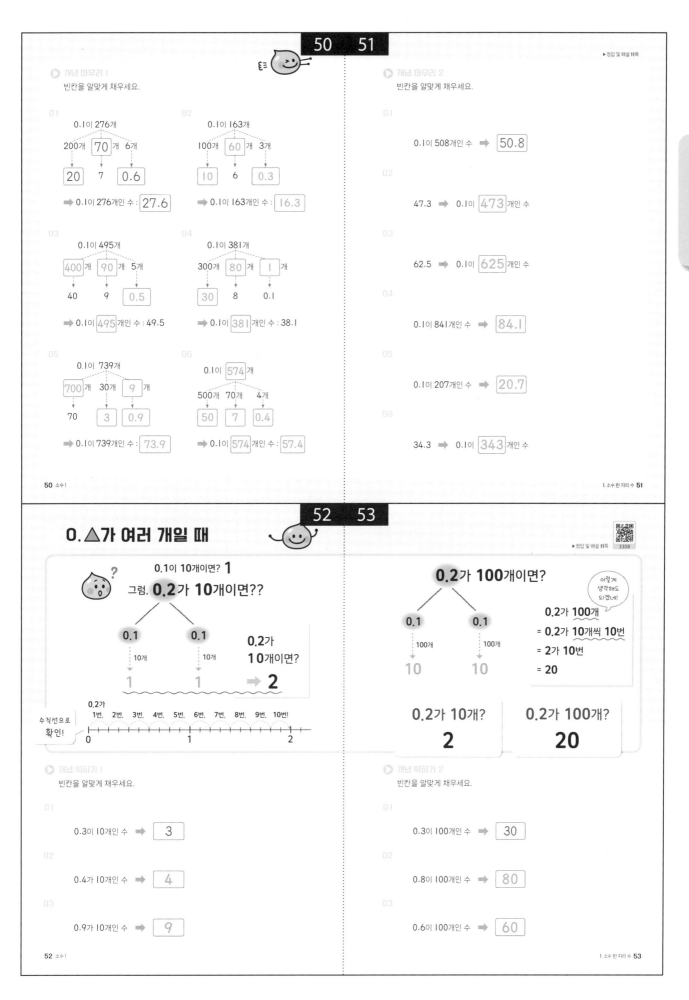

개념 마무리 1
빈칸을 알맞게 채우세요.

▶정답 및 해설 11쪽

개념 마무리 2
빈칸을 알맞게 채우세요.

01
0.1이 276개

200개　70개　6개

20　7　0.6

➡ 0.1이 276개인 수 : 27.6

02
0.1이 163개

100개　60개　3개

10　6　0.3

➡ 0.1이 163개인 수 : 16.3

03
0.1이 495개

400개　90개　5개

40　9　0.5

➡ 0.1이 495개인 수 : 49.5

04
0.1이 381개

300개　80개　1개

30　8　0.1

➡ 0.1이 381개인 수 : 38.1

05
0.1이 739개

700개　30개　9개

70　3　0.9

➡ 0.1이 739개인 수 : 73.9

06
0.1이 574개

500개　70개　4개

50　7　0.4

➡ 0.1이 574개인 수 : 57.4

01
0.1이 508개인 수 ➡ 50.8

02
47.3 ➡ 0.1이 473개인 수

03
62.5 ➡ 0.1이 625개인 수

04
0.1이 841개인 수 ➡ 84.1

05
0.1이 207개인 수 ➡ 20.7

06
34.3 ➡ 0.1이 343개인 수

0.△가 여러 개일 때

▶정답 및 해설 11쪽

0.1이 10개이면? 1
그럼, **0.2**가 **10**개이면??

0.1　0.1

10개　10개

1　1

0.2가
10개이면?
➡ **2**

0.2가
1번 2번 3번 4번 5번 6번 7번 8번 9번 10번!

수직선으로
확인!
0　1　2

0.2가 **100**개이면?

0.1　0.1

100개　100개

10　10

이렇게
생각해도
되겠네!

0.2가 100개
= 0.2가 10개씩 10번
= 2가 10번
= 20

0.2가 10개?
2

0.2가 100개?
20

개념 익히기 1
빈칸을 알맞게 채우세요.

01
0.3이 10개인 수 ➡ 3

02
0.4가 10개인 수 ➡ 4

03
0.9가 10개인 수 ➡ 9

개념 익히기 2
빈칸을 알맞게 채우세요.

01
0.3이 100개인 수 ➡ 30

02
0.8이 100개인 수 ➡ 80

03
0.6이 100개인 수 ➡ 60

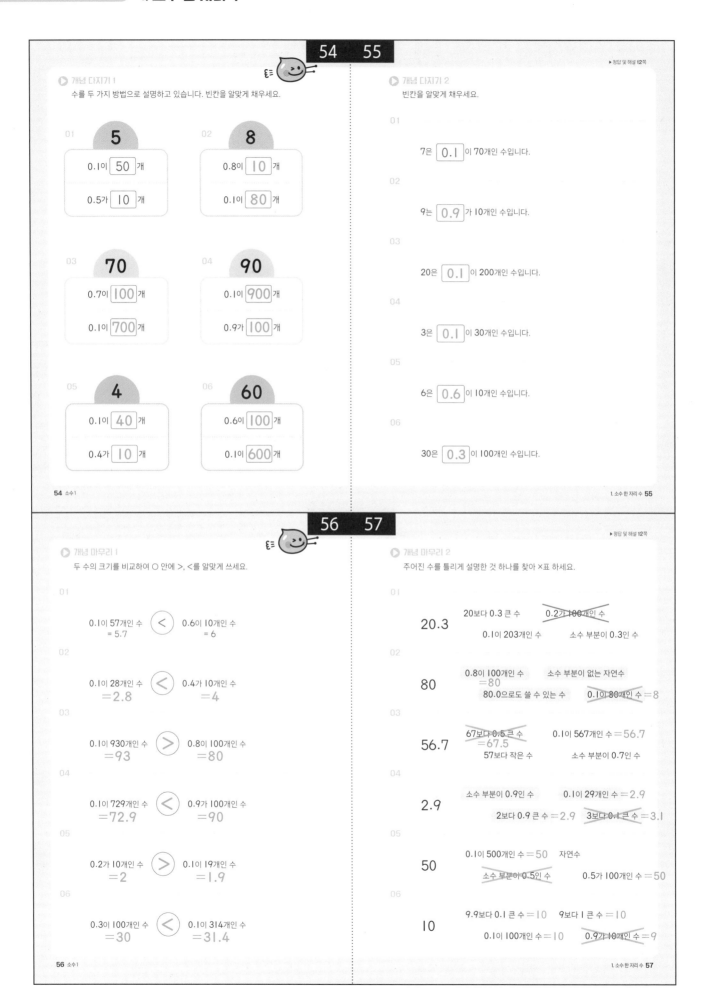

54　55

▶ 정답 및 해설 **12**쪽

개념 다지기 1
수를 두 가지 방법으로 설명하고 있습니다. 빈칸을 알맞게 채우세요.

01 **5**
0.1이 [50] 개
0.5가 [10] 개

02 **8**
0.8이 [10] 개
0.1이 [80] 개

03 **70**
0.7이 [100] 개
0.1이 [700] 개

04 **90**
0.1이 [900] 개
0.9가 [100] 개

05 **4**
0.1이 [40] 개
0.4가 [10] 개

06 **60**
0.6이 [100] 개
0.1이 [600] 개

개념 다지기 2
빈칸을 알맞게 채우세요.

01 7은 [0.1] 이 70개인 수입니다.

02 9는 [0.9] 가 10개인 수입니다.

03 20은 [0.1] 이 200개인 수입니다.

04 3은 [0.1] 이 30개인 수입니다.

05 6은 [0.6] 이 10개인 수입니다.

06 30은 [0.3] 이 100개인 수입니다.

54 소수1　　　　1. 소수 한 자리 수 **55**

56　57

▶ 정답 및 해설 **12**쪽

개념 마무리 1
두 수의 크기를 비교하여 ○ 안에 >, <를 알맞게 쓰세요.

01
0.1이 57개인 수 = 5.7 (<) 0.6이 10개인 수 = 6

02
0.1이 28개인 수 = 2.8 (<) 0.4가 10개인 수 = 4

03
0.1이 930개인 수 = 93 (>) 0.8이 100개인 수 = 80

04
0.1이 729개인 수 = 72.9 (<) 0.9가 100개인 수 = 90

05
0.2가 10개인 수 = 2 (>) 0.1이 19개인 수 = 1.9

06
0.3이 100개인 수 = 30 (<) 0.1이 314개인 수 = 31.4

개념 마무리 2
주어진 수를 틀리게 설명한 것 하나를 찾아 ×표 하세요.

01 **20.3**
20보다 0.3 큰 수　~~0.2가 100개인 수~~
0.1이 203개인 수　소수 부분이 0.3인 수

02 **80**
0.8이 100개인 수 =80　소수 부분이 없는 자연수
80.0으로도 쓸 수 있는 수　~~0.1이 80개인 수 =8~~

03 **56.7**
~~67보다 0.5 큰 수 =67.5~~　0.1이 567개인 수 =56.7
57보다 작은 수　소수 부분이 0.7인 수

04 **2.9**
소수 부분이 0.9인 수　0.1이 29개인 수 =2.9
2보다 0.9 큰 수 =2.9　~~3보다 0.1 큰 수 =3.1~~

05 **50**
0.1이 500개인 수 =50　자연수
~~소수 부분이 0.5인 수~~　0.5가 100개인 수 =50

06 **10**
9.9보다 0.1 큰 수 =10　9보다 1 큰 수 =10
0.1이 100개인 수 =10　~~0.9가 10개인 수 =9~~

56 소수1　　　　1. 소수 한 자리 수 **57**

지금까지 소수 한 자리 수에 대해 살펴보았습니다.
얼마나 제대로 이해했는지 확인해 봅시다.

✅ 단원 마무리

1

다음 중 소수는 모두 몇 개입니까? **2개**

2020 (2.718) $\frac{32}{27}$ 56.25 (3.14)

2

주어진 소수를 읽어 보시오.

669.609 ➡ 읽기 : **육백육십구 점 육영구**

3

빈칸을 알맞게 채우시오.

별을 10조각으로 똑같이 나누었습니다.
그중의 한 조각은 별의 0.1 입니다.

4

0.8을 그림으로 나타내시오.

(다른 방법으로 색칠해도 색칠한 칸의 개수가 같다면 정답입니다.)

58 소수1

맞은 개수 8개 ○   매우 잘했어요.
맞은 개수 6~7개 ○   실수한 문제를 확인하세요.
맞은 개수 5개 ○   틀린 문제를 2번씩 풀어 보세요.
맞은 개수 1~4개 ○   앞부분의 내용을 다시 한번 확인하세요.

스스로 평가

▶ 정답 및 해설 13쪽

5

수직선에 표시된 곳의 위치를 소수로 쓰시오.

0   1   2

0.6   1.3   1.7

6

9.8의 소수 부분을 쓰시오.

0.8

7

0.1이 407개인 수를 쓰시오.

40.7

8

빈칸을 알맞게 채우시오.

(0.6이 100개인 수) = (0.1이 600 개인 수)
=60

※60쪽 〈서술형으로 확인〉의 답은 정답 및 해설 33쪽에서 확인하세요.

---

2. 소수 두 자리 수

수의 구분

… 999999   여섯 자리 수
□□□□□   10000, 10001, 10002, …
              …, 99999   다섯 자리 수
□□□□   1000, 1001, 1002, …
              …, 9999   네 자리 수
□□□   100, 101, 102, …
              …, 999   세 자리 수
□□   10, 11, 12, …
              …, 99   두 자리 수
□   1, 2, 3, 4, 5
      6, 7, 8, 9   한 자리 수

자연수는 이렇게
숫자의 개수를 기준으로
분류할 수 있어!

▶ 정답 및 해설 13쪽
3309

소수는
소수 부분의 자릿수로 분류!

3.1
11.9
0.8
2.5
▨▨.□
소수 한 자리 수

0.04
1.51   12.28
100.99
▨▨.□□
소수 두 자리 수

1.001
20.898
17.057
0.003
▨▨.□□□
소수 세 자리 수

0.20은
소수 한 자리 수야.

▶ 개념 익히기 1
물음에 답하세요.

01
가장 작은 세 자리 수는 무엇일까요? **100**

02
가장 큰 다섯 자리 수는 무엇일까요? **99999**

03
가장 작은 여섯 자리 수는 무엇일까요? **100000**

▶ 개념 익히기 2
주어진 소수가 소수 몇 자리 수인지 빈칸을 알맞게 채우세요.

01
2.3   소수 **한** 자리 수
1.067   소수 **세** 자리 수
40.89   소수 **두** 자리 수

02
0.169   소수 **세** 자리 수
5.04   소수 **두** 자리 수
0.30   소수 **한** 자리 수

03
0.64   소수 **두** 자리 수
72.9   소수 **한** 자리 수
50.625   소수 **세** 자리 수

정답 및 해설 **13**

정답 및 해설

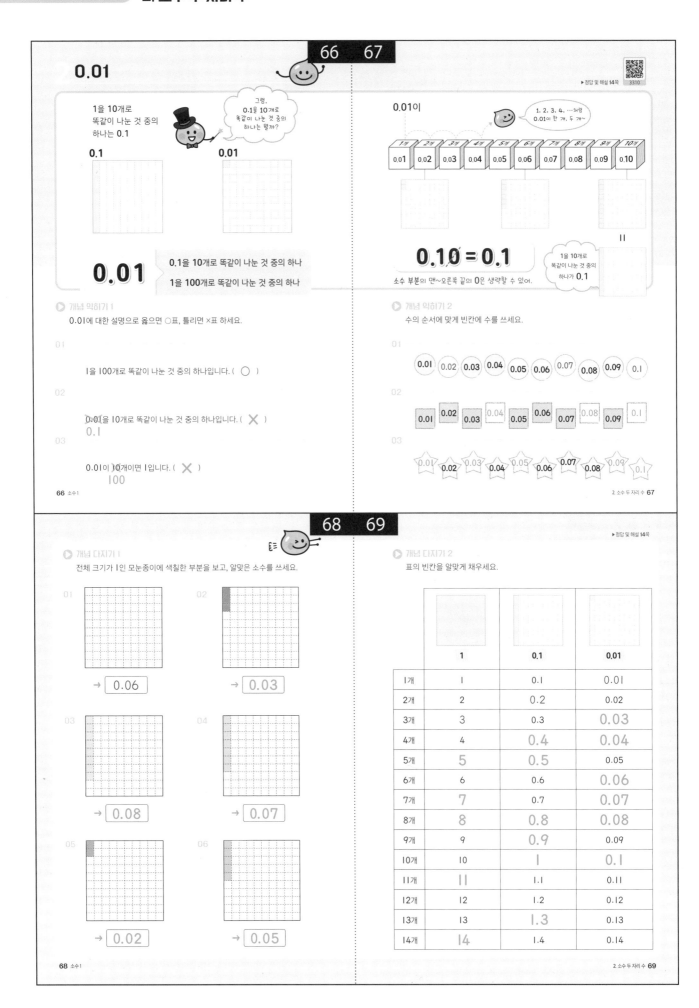

70 71

개념 마무리 1

0.01씩 커지는 소수를 순서대로 썼습니다. 생략할 수 있는 0에 ×표 하세요.

▶정답 및 해설 15쪽

개념 마무리 2

빈칸을 알맞게 채우세요.

0.01이 8개이면 0.08 입니다.

0.01이 5개이면 0.05 입니다.

0.01이 2개이면 0.02 입니다.

0.06은 0.01이 6 개입니다.

0.04는 0.01이 4 개입니다.

0.09는 0.01이 9 개입니다.

70 소수1

2. 소수 두 자리 수 71

72 73

소수 두 자리 수를 그림으로

▶정답 및 해설 15쪽

색종이 1장을 가로로 10칸! 세로로 10칸! 으로 똑같이 접고...

100칸에서 **한 줄은 0.1**

100칸에서 **한 칸은 0.01**

펼치면, 파잔~ 100칸이니까 작은 한 칸이 0.01

이렇게 줄줄이 자르면, 한 줄은 0.01이 10개!

0.1이 2개
0.2

0.01이 4개
0.04

잘라낸 부분은
0.24

□.△는
□보다 0.△ 큰 수
소수 부분

소수 두 자리 수도 마찬가지야.

1.78은 1보다 0.78 큰 수

1→   ← 0.78

0.01이   +   0.01이   =   0.01이
100개   78개   178개

개념 익히기 1

색칠한 부분을 보고, 소수로 나타내세요.

0.01이
40개
➡ 0.4

0.01이
60개
➡ 0.6

0.01이
90개
➡ 0.9

개념 익히기 2

알맞은 소수를 쓰세요.

1보다 0.52 큰 수 ➡ 1.52

4보다 0.73 큰 수 ➡ 4.73

10보다 0.11 큰 수 ➡ 10.11

72 소수1

2. 소수 두 자리 수 73

정답 및 해설 **15**

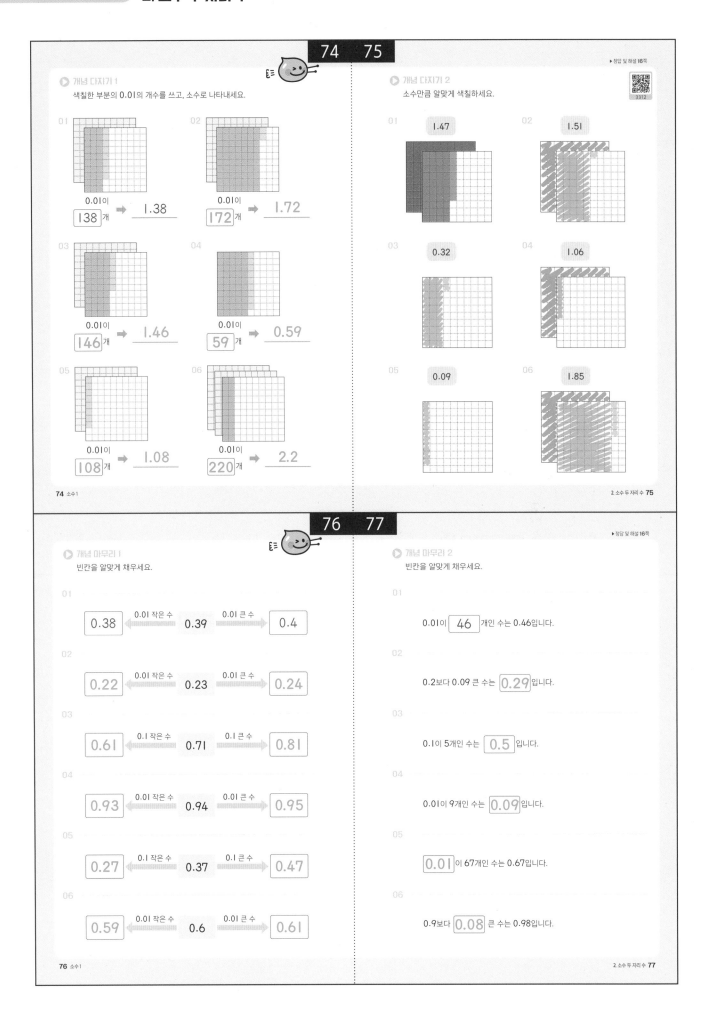

▶ 정답 및 해설 **16**쪽

▶ 개념 다지기 1
색칠한 부분의 0.01의 개수를 쓰고, 소수로 나타내세요.

01   0.01이   138 개 ➡ 1.38

02   0.01이   172 개 ➡ 1.72

03   0.01이   146 개 ➡ 1.46

04   0.01이   59 개 ➡ 0.59

05   0.01이   108 개 ➡ 1.08

06   0.01이   220 개 ➡ 2.2

▶ 개념 다지기 2
소수만큼 알맞게 색칠하세요.

01 1.47

02 1.51

03 0.32

04 1.06

05 0.09

06 1.85

▶ 정답 및 해설 **16**쪽

▶ 개념 마무리 1
빈칸을 알맞게 채우세요.

01 0.38 ←0.01 작은 수 0.39 0.01 큰 수→ 0.4

02 0.22 ←0.01 작은 수 0.23 0.01 큰 수→ 0.24

03 0.61 ←0.1 작은 수 0.71 0.1 큰 수→ 0.81

04 0.93 ←0.01 작은 수 0.94 0.01 큰 수→ 0.95

05 0.27 ←0.1 작은 수 0.37 0.1 큰 수→ 0.47

06 0.59 ←0.01 작은 수 0.6 0.01 큰 수→ 0.61

▶ 개념 마무리 2
빈칸을 알맞게 채우세요.

01 0.01이 46 개인 수는 0.46입니다.

02 0.2보다 0.09 큰 수는 0.29 입니다.

03 0.1이 5개인 수는 0.5 입니다.

04 0.01이 9개인 수는 0.09 입니다.

05   0.01 이 67개인 수는 0.67입니다.

06 0.9보다 0.08 큰 수는 0.98입니다.

소수 두 자리 수와 수직선

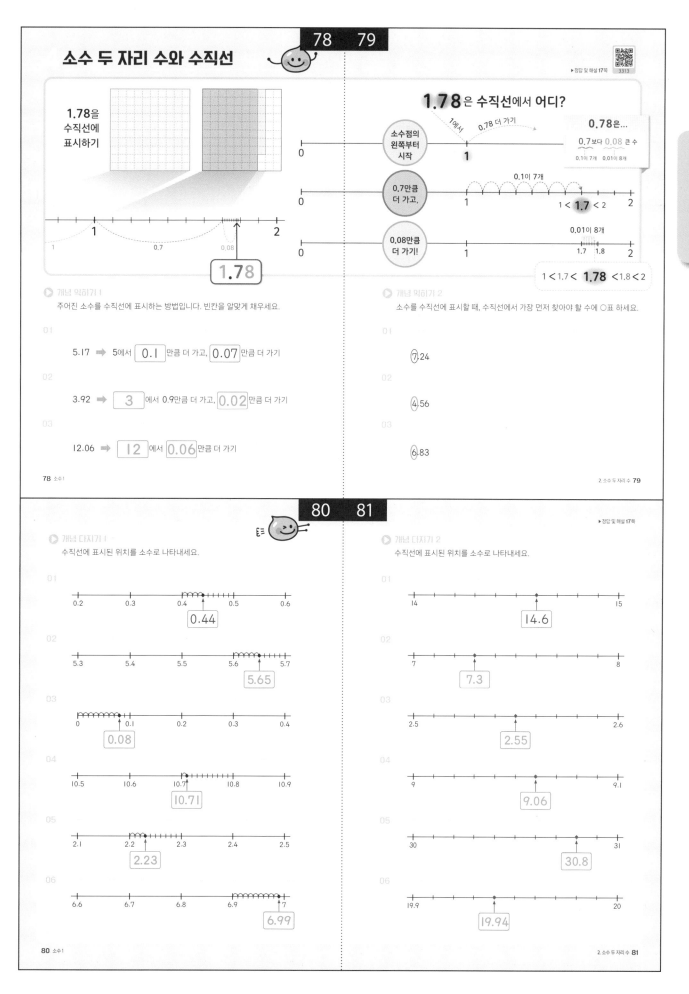

▶정답 및 해설 17쪽

1.78을 수직선에 표시하기

1.78은 수직선에서 어디?

소수점의 왼쪽부터 시작

0.78은...
0.7보다 0.08 큰 수
0.1이 7개   0.01이 8개

1에서   0.78 더 가기

0.7만큼 더 가고,

0.1이 7개

1 < **1.7** < 2

0.08만큼 더 가기!

0.01이 8개

1 < 1.7 < **1.78** < 1.8 < 2

1.78

▶ 개념 익히기 1

주어진 소수를 수직선에 표시하는 방법입니다. 빈칸을 알맞게 채우세요.

01

5.17 ➡ 5에서 **0.1** 만큼 더 가고, **0.07** 만큼 더 가기

02

3.92 ➡ **3** 에서 0.9만큼 더 가고, **0.02** 만큼 더 가기

03

12.06 ➡ **12** 에서 **0.06** 만큼 더 가기

▶ 개념 익히기 2

소수를 수직선에 표시할 때, 수직선에서 가장 먼저 찾아야 할 수에 ○표 하세요.

01

⑦.24

02

④.56

03

⑥.83

▶정답 및 해설 17쪽

▶ 개념 다지기 1

수직선에 표시된 위치를 소수로 나타내세요.

01

0.2 0.3 0.4 0.5 0.6
0.44

02

5.3 5.4 5.5 5.6 5.7
5.65

03

0 0.1 0.2 0.3 0.4
0.08

04

10.5 10.6 10.7 10.8 10.9
10.71

05

2.1 2.2 2.3 2.4 2.5
2.23

06

6.6 6.7 6.8 6.9 7
6.99

▶ 개념 다지기 2

수직선에 표시된 위치를 소수로 나타내세요.

01

14 15
14.6

02

7 8
7.3

03

2.5 2.6
2.55

04

9 9.1
9.06

05

30 31
30.8

06

19.9 20
19.94

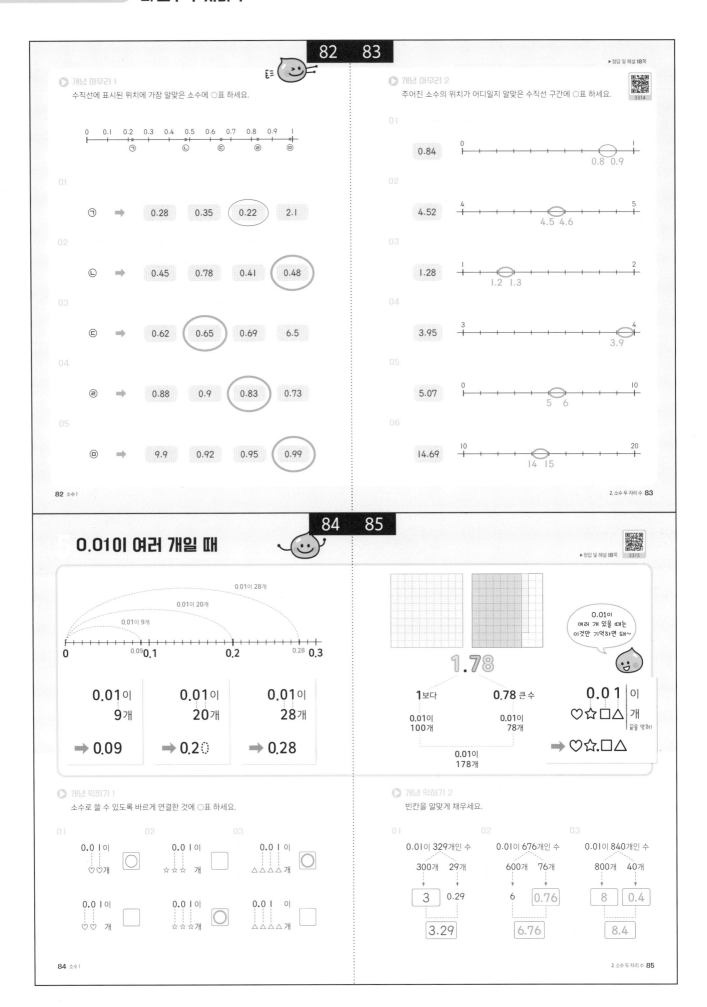

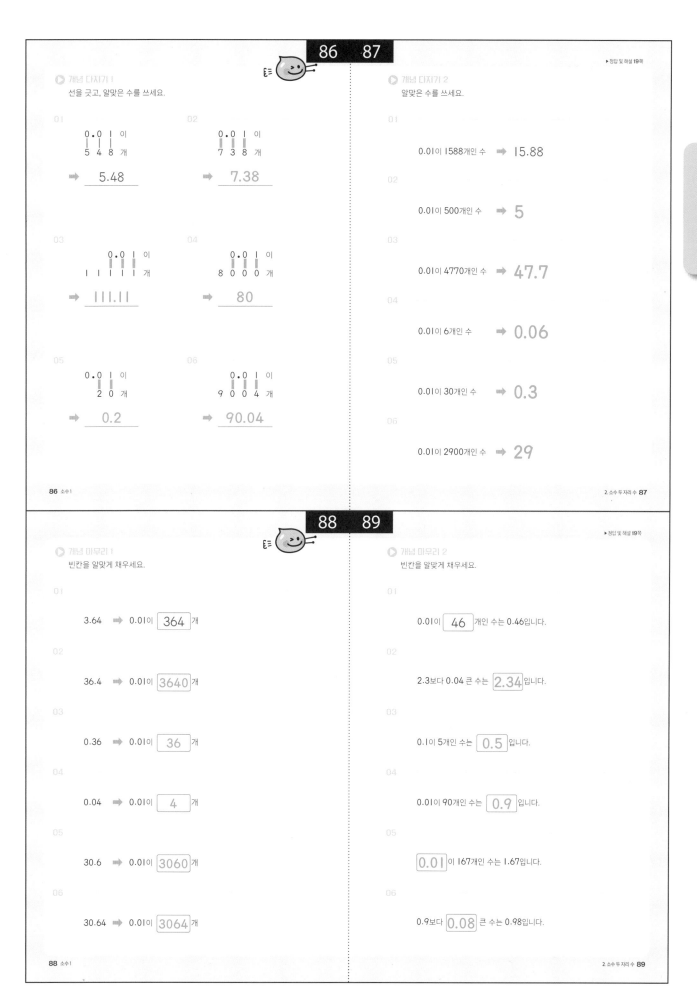

▶정답 및 해설 19쪽

▶ 개념 다지기 1

선을 긋고, 알맞은 수를 쓰세요.

01
0.01이
5 4 8 개
➡ 5.48

02
0.01이
7 3 8 개
➡ 7.38

03
0.01이
1 1 1 1 1 개
➡ 111.11

04
0.01이
8 0 0 0 개
➡ 80

05
0.01이
2 0 개
➡ 0.2

06
0.01이
9 0 0 4 개
➡ 90.04

▶ 개념 다지기 2

알맞은 수를 쓰세요.

01
0.01이 1588개인 수 ➡ 15.88

02
0.01이 500개인 수 ➡ 5

03
0.01이 4770개인 수 ➡ 47.7

04
0.01이 6개인 수 ➡ 0.06

05
0.01이 30개인 수 ➡ 0.3

06
0.01이 2900개인 수 ➡ 29

86 소수1

2. 소수 두 자리 수 87

▶정답 및 해설 19쪽

▶ 개념 마무리 1

빈칸을 알맞게 채우세요.

01
3.64 ➡ 0.01이 364 개

02
36.4 ➡ 0.01이 3640 개

03
0.36 ➡ 0.01이 36 개

04
0.04 ➡ 0.01이 4 개

05
30.6 ➡ 0.01이 3060 개

06
30.64 ➡ 0.01이 3064 개

▶ 개념 마무리 2

빈칸을 알맞게 채우세요.

01
0.01이 46 개인 수는 0.46입니다.

02
2.3보다 0.04 큰 수는 2.34 입니다.

03
0.1이 5개인 수는 0.5 입니다.

04
0.01이 90개인 수는 0.9 입니다.

05
0.01 이 167개인 수는 1.67입니다.

06
0.9보다 0.08 큰 수는 0.98입니다.

88 소수1

2. 소수 두 자리 수 89

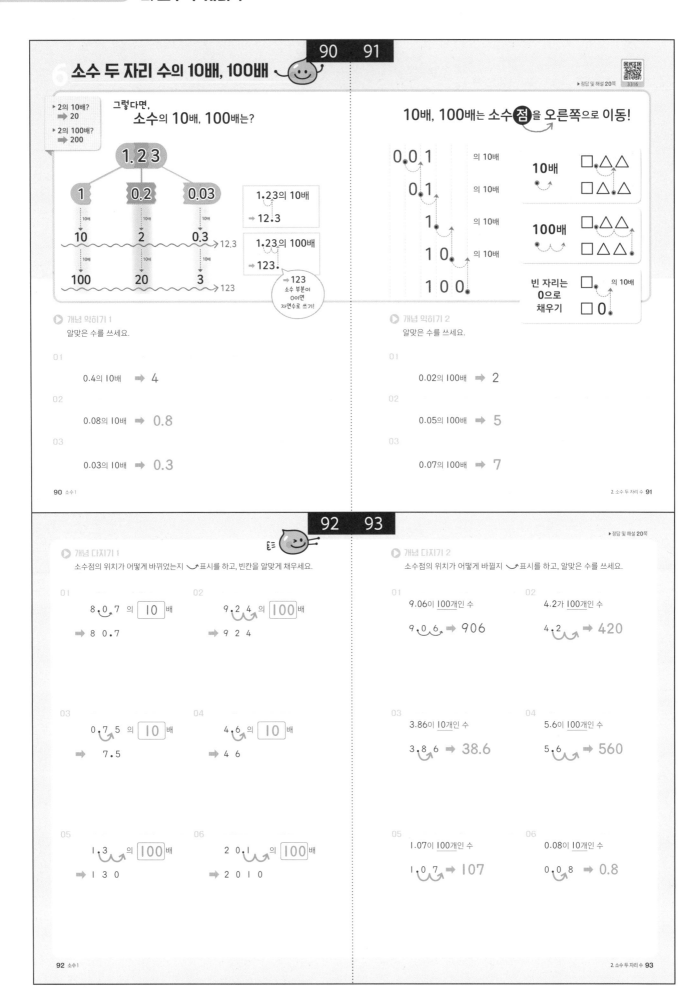

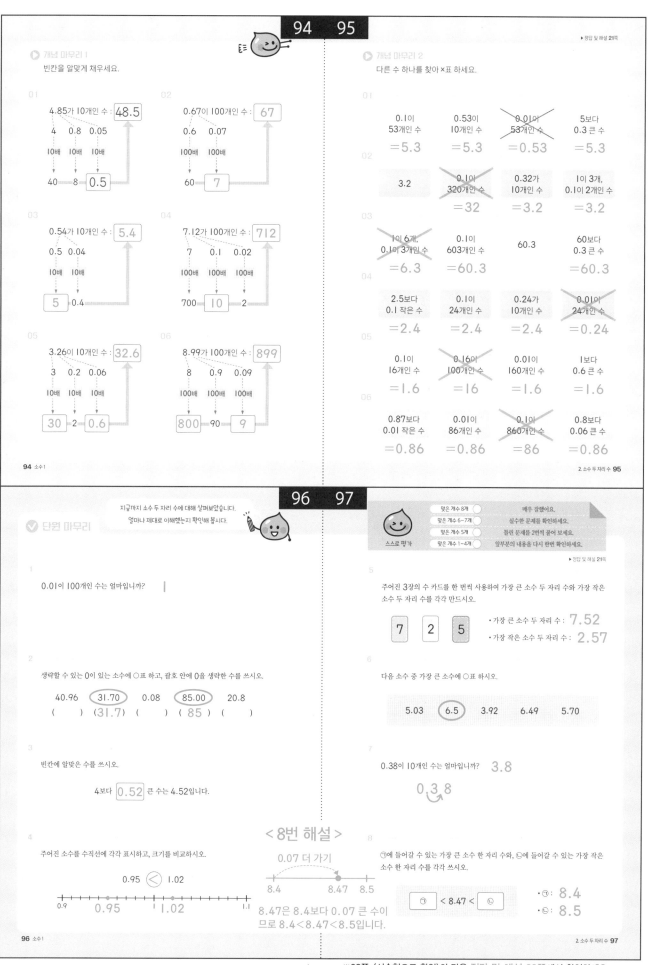

▶정답 및 해설 21쪽

개념 마무리 1

빈칸을 알맞게 채우세요.

01 4.85가 10개인 수 : [48.5]
4 0.8 0.05
10배 10배 10배
40 8 [0.5]

02 0.67이 100개인 수 : [67]
0.6 0.07
100배 100배
60 [7]

03 0.54가 10개인 수 : [5.4]
0.5 0.04
10배 10배
[5] 0.4

04 7.12가 100개인 수 : [712]
7 0.1 0.02
100배 100배 100배
700 [10] 2

05 3.26이 10개인 수 : [32.6]
3 0.2 0.06
10배 10배 10배
[30] 2 [0.6]

06 8.99가 100개인 수 : [899]
8 0.9 0.09
100배 100배 100배
[800] 90 [9]

94 소수1

개념 마무리 2

다른 수 하나를 찾아 ×표 하세요.

01
0.1이 53개인 수 =5.3 | 0.53이 10개인 수 =5.3 | 0.01이 53개인 수 =0.53 (×) | 5보다 0.3 큰 수 =5.3

02
3.2 | 0.1이 320개인 수 =32 (×) | 0.32가 10개인 수 =3.2 | 1이 3개, 0.1이 2개인 수 =3.2

03
1이 6개, 0.1이 3개인 수 =6.3 (×) | 0.1이 603개인 수 =60.3 | 60.3 | 60보다 0.3 큰 수 =60.3

04
2.5보다 0.1 작은 수 =2.4 | 0.1이 24개인 수 =2.4 | 0.24가 10개인 수 =2.4 | 0.01이 24개인 수 =0.24 (×)

05
0.1이 16개인 수 =1.6 | 0.16이 100개인 수 =16 (×) | 0.01이 160개인 수 =1.6 | 1보다 0.6 큰 수 =1.6

06
0.87보다 0.01 작은 수 =0.86 | 0.01이 86개인 수 =0.86 | 0.1이 860개인 수 =86 (×) | 0.8보다 0.06 큰 수 =0.86

2 소수 두 자리 수 95

지금까지 소수 두 자리 수에 대해 살펴보았습니다.
얼마나 제대로 이해했는지 확인해 봅시다.

단원 마무리

1 0.01이 100개인 수는 얼마입니까? |

2 생략할 수 있는 0이 있는 소수에 ○표 하고, 괄호 안에 0을 생략한 수를 쓰시오.
40.96 (31.70) 0.08 (85.00) 20.8
( ) (31.7) ( ) (85) ( )

3 빈칸에 알맞은 수를 쓰시오.
4보다 [0.52] 큰 수는 4.52입니다.

4 주어진 소수를 수직선에 각각 표시하고, 크기를 비교하시오.
0.95 < 1.02
0.9 — 0.95 — 1.02 — 1.1

<8번 해설>
0.07 더 가기
8.4 8.47 8.5
8.47은 8.4보다 0.07 큰 수이므로 8.4<8.47<8.5입니다.

96 소수1

스스로 평가
맞은 개수 8개 → 매우 잘했어요.
맞은 개수 6~7개 → 실수한 문제를 확인하세요.
맞은 개수 5개 → 틀린 문제를 2번씩 풀어 보세요.
맞은 개수 1~4개 → 앞부분의 내용을 다시 한번 확인하세요.

▶정답 및 해설 21쪽

5 주어진 3장의 수 카드를 한 번씩 사용하여 가장 큰 소수 두 자리 수와 가장 작은 소수 두 자리 수를 각각 만드시오.
7 2 5
• 가장 큰 소수 두 자리 수 : 7.52
• 가장 작은 소수 두 자리 수 : 2.57

6 다음 소수 중 가장 큰 소수에 ○표 하시오.
5.03 (6.5) 3.92 6.49 5.70

7 0.38이 10개인 수는 얼마입니까? 3.8
0.3⌒8

8 ㉠에 들어갈 수 있는 가장 큰 소수 한 자리 수와, ㉡에 들어갈 수 있는 가장 작은 소수 한 자리 수를 각각 쓰시오.
㉠ < 8.47 < ㉡
• ㉠ : 8.4
• ㉡ : 8.5

2 소수 두 자리 수 97

※98쪽 〈서술형으로 확인〉의 답은 정답 및 해설 33쪽에서 확인하세요.

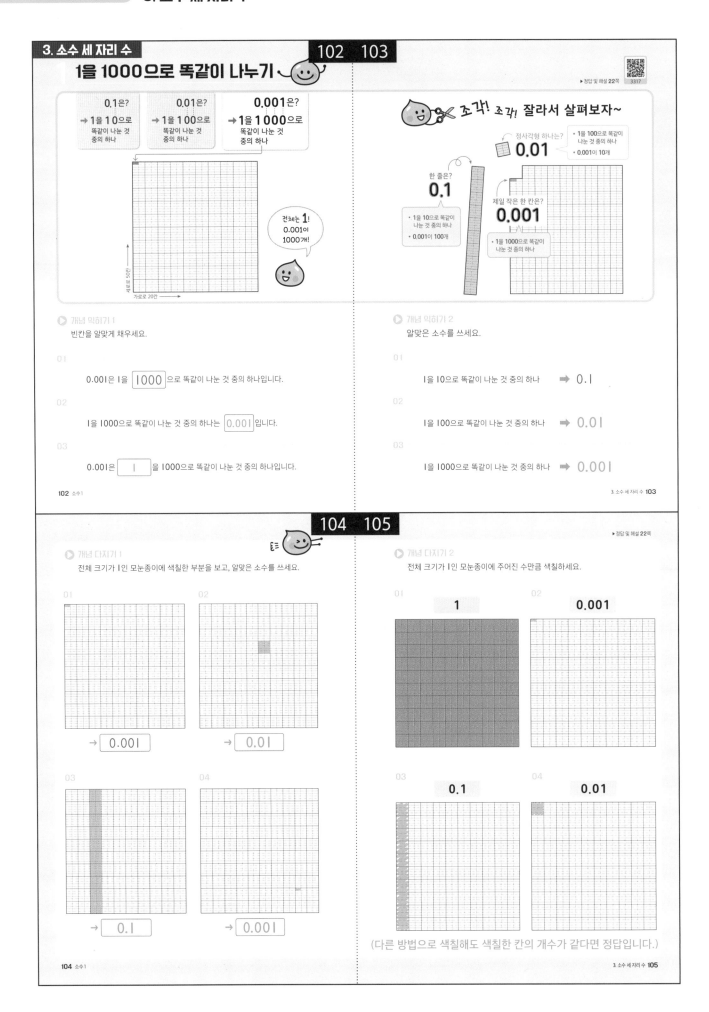

▶정답 및 해설 23쪽

개념 마무리 1

관계있는 것끼리 선으로 이으세요.

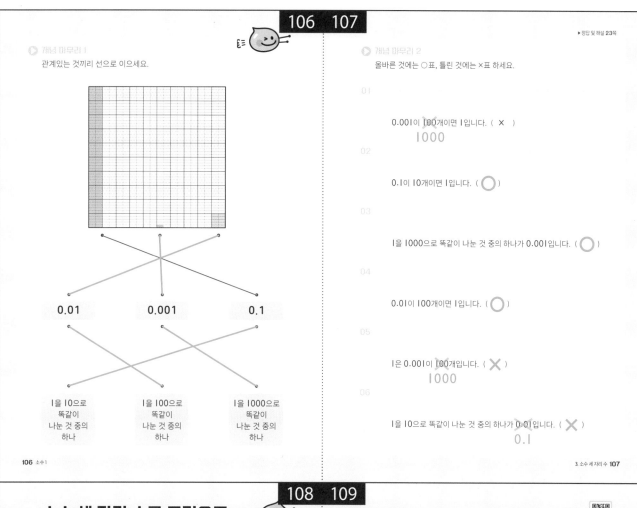

0.01　　　0.001　　　0.1

1을 10으로　　1을 100으로　　1을 1000으로
똑같이　　　똑같이　　　똑같이
나눈 것 중의　　나눈 것 중의　　나눈 것 중의
하나　　　하나　　　하나

106 소수1

개념 마무리 2

올바른 것에는 ○표, 틀린 것에는 ×표 하세요.

01
0.001이 100개이면 1입니다. (×)
　　　　　1000

02
0.1이 10개이면 1입니다. (○)

03
1을 1000으로 똑같이 나눈 것 중의 하나가 0.001입니다. (○)

04
0.01이 100개이면 1입니다. (○)

05
1은 0.001이 100개입니다. (×)
　　　　　1000

06
1을 10으로 똑같이 나눈 것 중의 하나가 0.01입니다. (×)
　　　　　0.1

3. 소수 세 자리 수 107

소수 세 자리 수를 그림으로

▶정답 및 해설 23쪽

3318

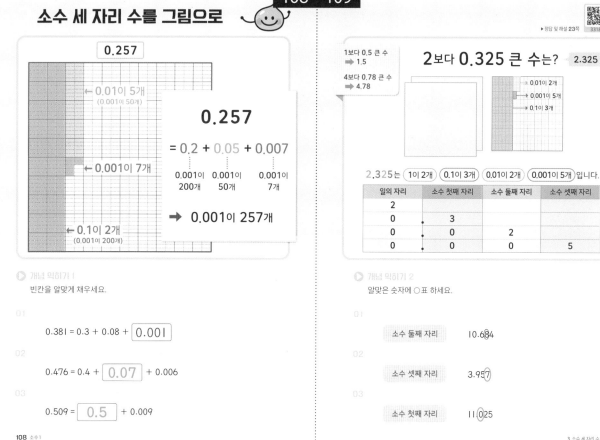

0.257

← 0.01이 5개
(0.001이 50개)

0.257
= 0.2 + 0.05 + 0.007

0.001이　0.001이　0.001이
200개　50개　7개

← 0.001이 7개

➡ 0.001이 257개

← 0.1이 2개
(0.001이 200개)

1보다 0.5 큰 수
➡ 1.5
4보다 0.78 큰 수
➡ 4.78

2보다 0.325 큰 수는? 2.325

← 0.01이 2개
← 0.001이 5개
← 0.1이 3개

2.325는 1이 2개 0.1이 3개 0.01이 2개 0.001이 5개 입니다.

일의 자리	소수 첫째 자리	소수 둘째 자리	소수 셋째 자리
2			
0	3		
0	0	2	
0	0	0	5

개념 익히기 1

빈칸을 알맞게 채우세요.

01
0.381 = 0.3 + 0.08 + 0.001

02
0.476 = 0.4 + 0.07 + 0.006

03
0.509 = 0.5 + 0.009

108 소수1

개념 익히기 2

알맞은 숫자에 ○표 하세요.

01
소수 둘째 자리　　10.6⑧4

02
소수 셋째 자리　　3.95⑦

03
소수 첫째 자리　　11.⓪25

3. 소수 세 자리 수 109

정답 및 해설 **23**

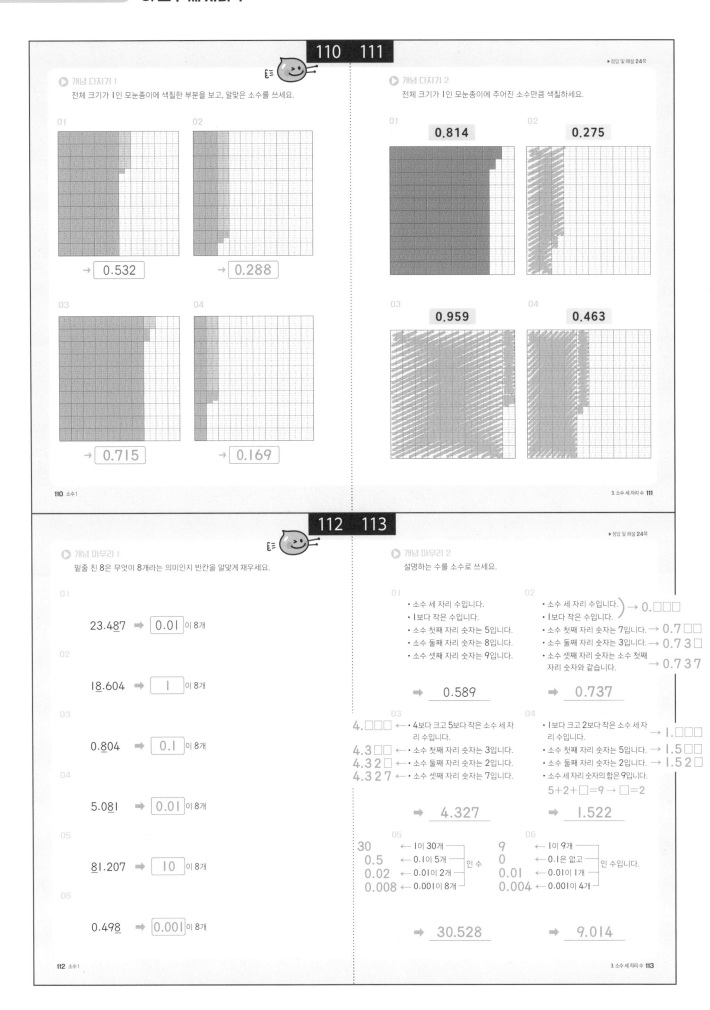

▶정답 및 해설 24쪽

▶ 개념 다지기 1

전체 크기가 1인 모눈종이에 색칠한 부분을 보고, 알맞은 소수를 쓰세요.

01   → 0.532

02   → 0.288

03   → 0.715

04   → 0.169

▶ 개념 다지기 2

전체 크기가 1인 모눈종이에 주어진 소수만큼 색칠하세요.

01 0.814

02 0.275

03 0.959

04 0.463

▶정답 및 해설 24쪽

▶ 개념 마무리 1

밑줄 친 8은 무엇이 8개라는 의미인지 빈칸을 알맞게 채우세요.

01 23.48̲7 ➡ 0.01 이 8개

02 1̲8.604 ➡ 1 이 8개

03 0.8̲04 ➡ 0.1 이 8개

04 5.08̲1 ➡ 0.01 이 8개

05 8̲1.207 ➡ 10 이 8개

06 0.49̲8 ➡ 0.001 이 8개

▶ 개념 마무리 2

설명하는 수를 소수로 쓰세요.

01
• 소수 세 자리 수입니다.
• 1보다 작은 수입니다.
• 소수 첫째 자리 숫자는 5입니다.
• 소수 둘째 자리 숫자는 8입니다.
• 소수 셋째 자리 숫자는 9입니다.

➡ 0.589

02
• 소수 세 자리 수입니다. ⟩→ 0.□□□
• 1보다 작은 수입니다.
• 소수 첫째 자리 숫자는 7입니다. → 0.7 □□
• 소수 둘째 자리 숫자는 3입니다. → 0.7 3 □
• 소수 셋째 자리 숫자는 소수 첫째   → 0.7 3 7
  자리 숫자와 같습니다.

➡ 0.737

03
4.□□□ ← 4보다 크고 5보다 작은 소수 세 자
          리 수입니다.
4.3 □□ ← 소수 첫째 자리 숫자는 3입니다.
4.3 2 □ ← 소수 둘째 자리 숫자는 2입니다.
4.3 2 7 ← 소수 셋째 자리 숫자는 7입니다.

➡ 4.327

04
• 1보다 크고 2보다 작은 소수 세 자
  리 수입니다.   → 1.□□□
• 소수 첫째 자리 숫자는 5입니다. → 1.5 □□
• 소수 둘째 자리 숫자는 2입니다. → 1.5 2 □
• 소수 세 자리 숫자의 합은 9입니다.
   5+2+□=9 → □=2

➡ 1.522

05
30   ← 1이 30개 ⎤
0.5   ← 0.1이 5개 ⎥ 인 수
0.02   ← 0.01이 2개 ⎥ 입니다.
0.008 ← 0.001이 8개 ⎦

➡ 30.528

06
9   ← 1이 9개 ⎤
0   ← 0.1은 없고 ⎥ 인 수입니다.
0.01   ← 0.01이 1개 ⎥
0.004 ← 0.001이 4개 ⎦

➡ 9.014

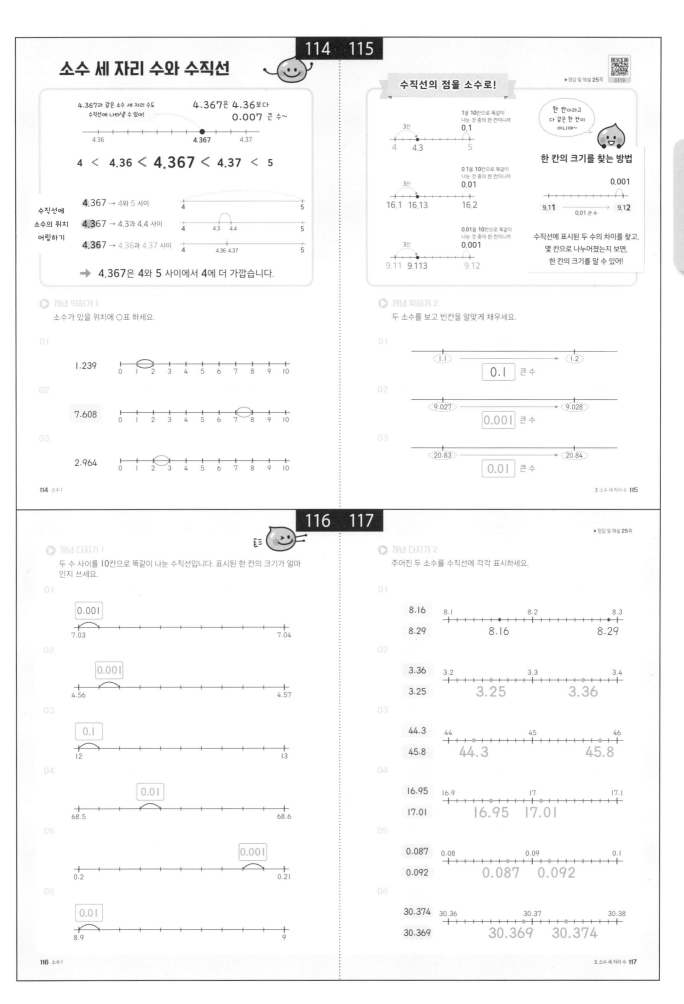

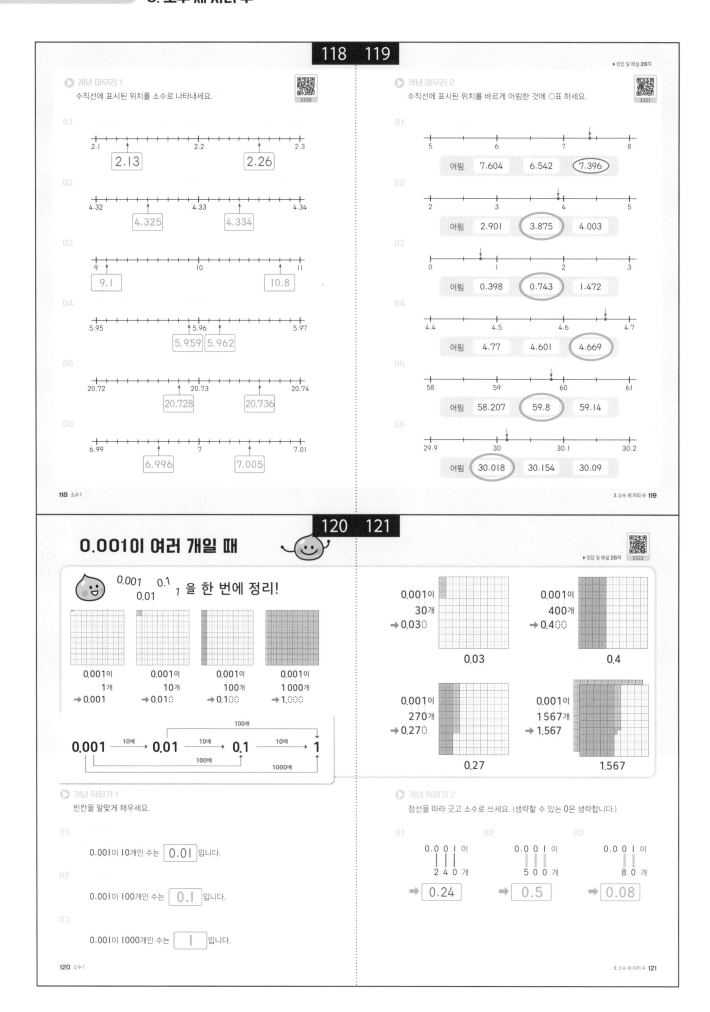

▶ 정답 및 해설 26쪽

개념 마무리 1
수직선에 표시된 위치를 소수로 나타내세요.

01
2.13   2.26

02
4.325   4.334

03
9.1   10.8

04
5.959 5.962

05
20.728   20.736

06
6.996   7.005

개념 마무리 2
수직선에 표시된 위치를 바르게 어림한 것에 ○표 하세요.

01
어림 7.604 6.542 (7.396)

02
어림 2.901 (3.875) 4.003

03
어림 0.398 (0.743) 1.472

04
어림 4.77 4.601 (4.669)

05
어림 58.207 (59.8) 59.14

06
어림 (30.018) 30.154 30.09

0.001이 여러 개일 때

0.001 0.1
0.01 1 을 한 번에 정리!

0.001이   0.001이   0.001이   0.001이
1개   10개   100개   1000개
→0.001   →0.01   →0.1   →1

0.001 →10배→ 0.01 →10배→ 0.1 →10배→ 1
100배
100배
1000배

0.001이
30개
→0.030

0.001이
400개
→0.400

0.03

0.4

0.001이
270개
→0.270

0.001이
1567개
→1.567

0.27

1.567

▶ 정답 및 해설 26쪽

개념 익히기 1
빈칸을 알맞게 채우세요.

01
0.001이 10개인 수는 0.01 입니다.

02
0.001이 100개인 수는 0.1 입니다.

03
0.001이 1000개인 수는 1 입니다.

개념 익히기 2
점선을 따라 긋고 소수로 쓰세요. (생략할 수 있는 0은 생략합니다.)

01
0.001이
240개
→ 0.24

02
0.001이
500개
→ 0.5

03
0.001이
80개
→ 0.08

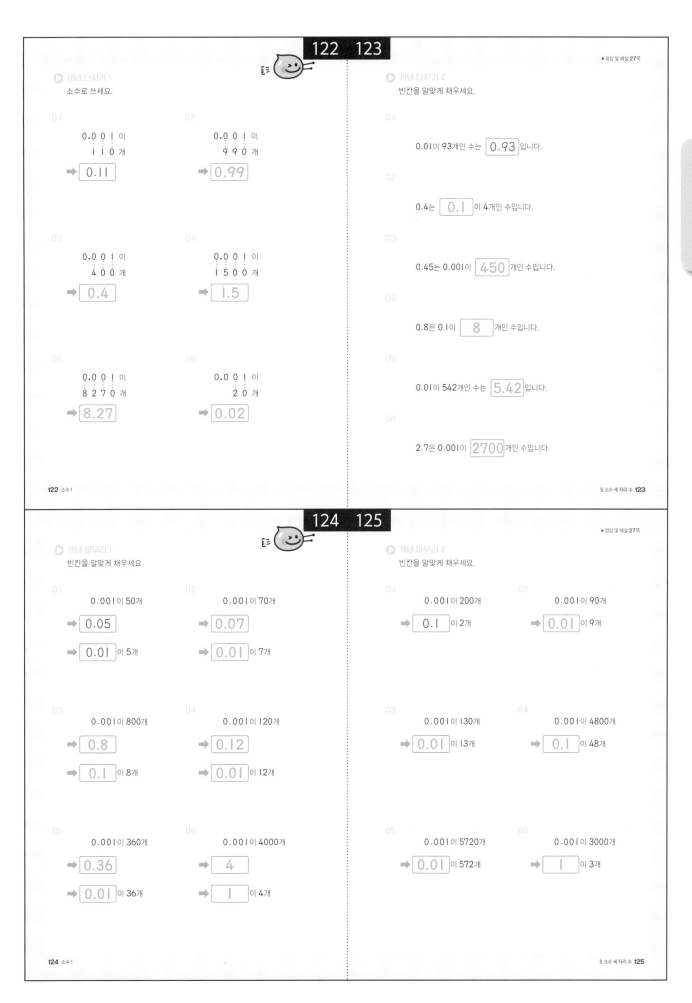

▶정답 및 해설 27쪽

▶ 개념 다지기 1

소수로 쓰세요.

01
0.001이
110 개
➡ 0.11

02
0.001이
990 개
➡ 0.99

03
0.001이
400 개
➡ 0.4

04
0.001이
1500 개
➡ 1.5

05
0.001이
8270 개
➡ 8.27

06
0.001이
20 개
➡ 0.02

122 소수1

▶ 개념 다지기 2

빈칸을 알맞게 채우세요.

01
0.01이 93개인 수는 0.93 입니다.

02
0.4는 0.1 이 4개인 수입니다.

03
0.45는 0.001이 450 개인 수입니다.

04
0.8은 0.1이 8 개인 수입니다.

05
0.01이 542개인 수는 5.42 입니다.

06
2.7은 0.001이 2700 개인 수입니다.

3. 소수 세 자리 수 123

▶정답 및 해설 27쪽

▶ 개념 마무리 1

빈칸을 알맞게 채우세요.

01
0.001이 50개
➡ 0.05
➡ 0.01 이 5개

02
0.001이 70개
➡ 0.07
➡ 0.01 이 7개

03
0.001이 800개
➡ 0.8
➡ 0.1 이 8개

04
0.001이 120개
➡ 0.12
➡ 0.01 이 12개

05
0.001이 360개
➡ 0.36
➡ 0.01 이 36개

06
0.001이 4000개
➡ 4
➡ 1 이 4개

124 소수1

▶ 개념 마무리 2

빈칸을 알맞게 채우세요.

01
0.001이 200개
➡ 0.1 이 2개

02
0.001이 90개
➡ 0.01 이 9개

03
0.001이 130개
➡ 0.01 이 13개

04
0.001이 4800개
➡ 0.1 이 48개

05
0.001이 5720개
➡ 0.01 이 572개

06
0.001이 3000개
➡ 1 이 3개

3. 소수 세 자리 수 125

정 답 및 해 설

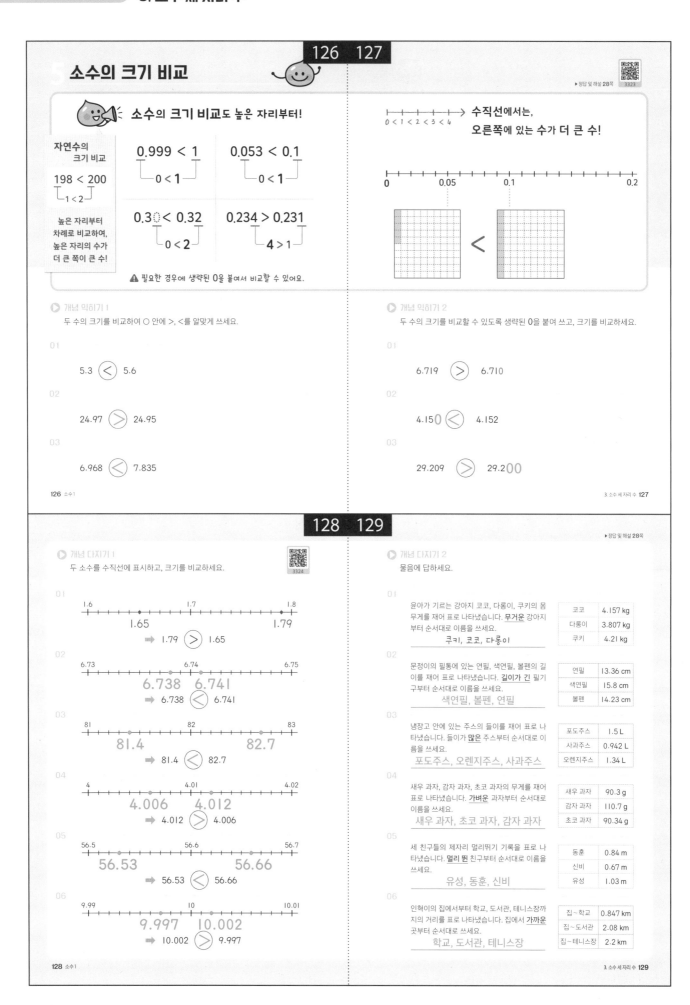

5 소수의 크기 비교

126　127

▶정답 및 해설 28쪽

소수의 크기 비교도 높은 자리부터!

자연수의
크기 비교

198 < 200
1 < 2

높은 자리부터
차례로 비교하여,
높은 자리의 수가
더 큰 쪽이 큰 수!

0.999 < 1
0 < 1

0.053 < 0.1
0 < 1

0.30 < 0.32
0 < 2

0.234 > 0.231
4 > 1

⚠ 필요한 경우에 생략된 0을 붙여서 비교할 수 있어요.

수직선에서는,
오른쪽에 있는 수가 더 큰 수!

0 < 1 < 2 < 3 < 4

0　　0.05　　0.1　　　0.2

<

개념 익히기 1

두 수의 크기를 비교하여 ○ 안에 >, <를 알맞게 쓰세요.

01

5.3 < 5.6

02

24.97 > 24.95

03

6.968 < 7.835

개념 익히기 2

두 수의 크기를 비교할 수 있도록 생략된 0을 붙여 쓰고, 크기를 비교하세요.

01

6.719 > 6.710

02

4.150 < 4.152

03

29.209 > 29.200

128　129

▶정답 및 해설 28쪽

개념 다지기 1

두 소수를 수직선에 표시하고, 크기를 비교하세요.

01

1.6　　　1.7　　　1.8
1.65　　　　　1.79

➡ 1.79 > 1.65

02

6.73　　　6.74　　　6.75
6.738　6.741

➡ 6.738 < 6.741

03

81　　　82　　　83
81.4　　　　82.7

➡ 81.4 < 82.7

04

4　　　4.01　　　4.02
4.006　4.012

➡ 4.012 > 4.006

05

56.5　　　56.6　　　56.7
56.53　　　　56.66

➡ 56.53 < 56.66

06

9.99　　　10　　　10.01
9.997　10.002

➡ 10.002 > 9.997

개념 다지기 2

물음에 답하세요.

01

윤아가 기르는 강아지 코코, 다롱이, 쿠키의 몸 무게를 재어 표로 나타냈습니다. **무거운** 강아지 부터 순서대로 이름을 쓰세요.
　쿠키, 코코, 다롱이

코코	4.157 kg
다롱이	3.807 kg
쿠키	4.21 kg

02

문정이의 필통에 있는 연필, 색연필, 볼펜의 길 이를 재어 표로 나타냈습니다. **길이가 긴** 필기 구부터 순서대로 이름을 쓰세요.
　색연필, 볼펜, 연필

연필	13.36 cm
색연필	15.8 cm
볼펜	14.23 cm

03

냉장고 안에 있는 주스의 들이를 재어 표로 나 타냈습니다. 들이가 **많은** 주스부터 순서대로 이 름을 쓰세요.
　포도주스, 오렌지주스, 사과주스

포도주스	1.5 L
사과주스	0.942 L
오렌지주스	1.34 L

04

새우 과자, 감자 과자, 초코 과자의 무게를 재어 표로 나타냈습니다. **가벼운** 과자부터 순서대로 이름을 쓰세요.
　새우 과자, 초코 과자, 감자 과자

새우 과자	90.3 g
감자 과자	110.7 g
초코 과자	90.34 g

05

세 친구들의 제자리 멀리뛰기 기록을 표로 나 타냈습니다. **멀리 뛴** 친구부터 순서대로 이름을 쓰세요.
　유성, 동훈, 신비

동훈	0.84 m
신비	0.67 m
유성	1.03 m

06

인혁이의 집에서부터 학교, 도서관, 테니스장까 지의 거리를 표로 나타냈습니다. 집에서 **가까운** 곳부터 순서대로 쓰세요.
　학교, 도서관, 테니스장

집~학교	0.847 km
집~도서관	2.08 km
집~테니스장	2.2 km

▶ 정답 및 해설 **29**쪽

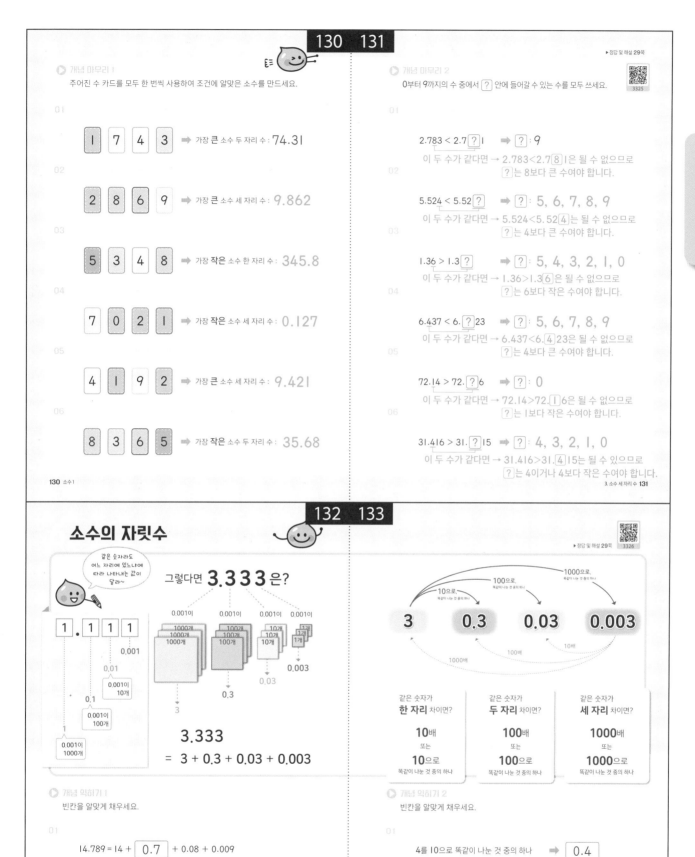

개념 마무리 1

주어진 수 카드를 모두 한 번씩 사용하여 조건에 알맞은 소수를 만드세요.

01

1 7 4 3 ➡ 가장 큰 소수 두 자리 수 : **74.31**

02

2 8 6 9 ➡ 가장 큰 소수 세 자리 수 : **9.862**

03

5 3 4 8 ➡ 가장 작은 소수 한 자리 수 : **345.8**

04

7 0 2 1 ➡ 가장 작은 소수 세 자리 수 : **0.127**

05

4 1 9 2 ➡ 가장 큰 소수 세 자리 수 : **9.421**

06

8 3 6 5 ➡ 가장 작은 소수 두 자리 수 : **35.68**

130 소수1

개념 마무리 2

0부터 9까지의 수 중에서 ? 안에 들어갈 수 있는 수를 모두 쓰세요.

01

2.783 < 2.7 ? 1 ➡ ? : **9**

이 두 수가 같다면 → 2.783<2.7 8 1은 될 수 없으므로
? 는 8보다 큰 수여야 합니다.

02

5.524 < 5.52 ? ➡ ? : **5, 6, 7, 8, 9**

이 두 수가 같다면 → 5.524<5.52 4 는 될 수 없으므로
? 는 4보다 큰 수여야 합니다.

03

1.36 > 1.3 ? ➡ ? : **5, 4, 3, 2, 1, 0**

이 두 수가 같다면 → 1.36>1.3 6 은 될 수 없으므로
? 는 6보다 작은 수여야 합니다.

04

6.437 < 6. ? 23 ➡ ? : **5, 6, 7, 8, 9**

이 두 수가 같다면 → 6.437<6. 4 23은 될 수 없으므로
? 는 4보다 큰 수여야 합니다.

05

72.14 > 72. ? 6 ➡ ? : **0**

이 두 수가 같다면 → 72.14>72. 1 6은 될 수 없으므로
? 는 1보다 작은 수여야 합니다.

06

31.416 > 31. ? 15 ➡ ? : **4, 3, 2, 1, 0**

이 두 수가 같다면 → 31.416>31. 4 15는 될 수 있으므로
? 는 4이거나 4보다 작은 수여야 합니다.

3. 소수 세 자리 수 131

소수의 자릿수

같은 숫자라도 어느 자리에 있느냐에 따라 나타내는 값이 달라~

▶ 정답 및 해설 **29**쪽

그렇다면 **3.333**은?

1 . 1 1 1
0.001
0.01
0.001이 10개
0.1
0.001이 100개
1
0.001이 1000개

0.001이 · 0.001이 · 0.001이 · 0.001이
1000개 · 100개 · 10개 · 1개

3 · 0.3 · 0.03 · 0.003

3.333
= 3 + 0.3 + 0.03 + 0.003

1000으로, 똑같이 나눈 것 중의 하나
100으로, 똑같이 나눈 것 중의 하나
10으로, 똑같이 나눈 것 중의 하나

3 **0.3** **0.03** **0.003**

10배
100배
1000배

같은 숫자가
한 자리 차이면?
10배
또는
10으로
똑같이 나눈 것 중의 하나

같은 숫자가
두 자리 차이면?
100배
또는
100으로
똑같이 나눈 것 중의 하나

같은 숫자가
세 자리 차이면?
1000배
또는
1000으로
똑같이 나눈 것 중의 하나

개념 익히기 1

빈칸을 알맞게 채우세요.

01

14.789 = 14 + **0.7** + 0.08 + 0.009

02

50.263 = **50** + 0.2 + **0.06** + 0.003

03

106.601 = 106 + **0.6** + **0.001**

개념 익히기 2

빈칸을 알맞게 채우세요.

01

4를 10으로 똑같이 나눈 것 중의 하나 ➡ **0.4**

02

4를 100으로 똑같이 나눈 것 중의 하나 ➡ **0.04**

03

4를 1000으로 똑같이 나눈 것 중의 하나 ➡ **0.004**

132 소수1

3. 소수 세 자리 수 133

134   135

▶ 정답 및 해설 30쪽

개념 다지기 1

빈칸을 알맞게 채우세요.

01

6 →(10으로 똑같이 나눈 것 중의 1)→ **0.6** →(10으로 똑같이 나눈 것 중의 1)→ **0.06** →(10으로 똑같이 나눈 것 중의 1)→ 0.006

02

7 →(10으로 똑같이 나눈 것 중의 1)→ **0.7** →(10으로 똑같이 나눈 것 중의 1)→ 0.07 →(10으로 똑같이 나눈 것 중의 1)→ 0.007

03

2 →(100으로 똑같이 나눈 것 중의 1)→ 0.02

04

9 →(1000으로 똑같이 나눈 것 중의 1)→ 0.009

05

8 →(100으로 똑같이 나눈 것 중의 1)→ 0.08

06

5 →(1000으로 똑같이 나눈 것 중의 1)→ 0.005

개념 다지기 2

화살표에 대해 바르게 설명한 것에 ✔표 하세요.

01

2   0.2   0.02   0.002

- 100배 ☐
- 100으로 똑같이 나눈 것 중의 1 ✔

02

7   0.7   0.07   0.007

- 10배 ☐
- 10으로 똑같이 나눈 것 중의 1 ✔

03

0.005   0.05   0.5   5

- 10배 ☐
- 10으로 똑같이 나눈 것 중의 1 ✔

04

0.006   0.06   0.6   6

- 100배 ☐
- 100으로 똑같이 나눈 것 중의 1 ✔

05

0.009   0.09   0.9   9

- 100배 ✔
- 100으로 똑같이 나눈 것 중의 1 ☐

06

80   8   0.8   0.08   0.008

- 1000배 ✔
- 1000으로 똑같이 나눈 것 중의 1 ☐

136   137

▶ 정답 및 해설 30쪽

개념 마무리 1

㉠과 ㉡이 나타내는 수를 각각 쓰고, 빈칸을 알맞게 채우세요.

01

36.0**6**2 (㉠)(㉡)
→ ㉠ : 6
   ㉡ : 0.06

→ ㉠은 ㉡의 **100** 배
→ ㉡은 ㉠을 **100** 으로 똑같이 나눈 것 중의 1

02

4.1**9**9 (㉠)(㉡)
→ ㉠ : 0.09
   ㉡ : 0.009

→ ㉠은 ㉡의 **10** 배
→ ㉡은 ㉠을 **10** 으로 똑같이 나눈 것 중의 1

03

2**1**.**1**2 (㉠)(㉡)
→ ㉠ : 1
   ㉡ : 0.1

→ ㉠은 ㉡의 **10** 배
→ ㉡은 ㉠을 **10** 으로 똑같이 나눈 것 중의 1

04

3**7**.32**7** (㉠)(㉡)
→ ㉠ : 7
   ㉡ : 0.007

→ ㉠은 ㉡의 **1000** 배
→ ㉡은 ㉠을 **1000** 으로 똑같이 나눈 것 중의 1

05

5.**2**1**2** (㉠)(㉡)
→ ㉠ : 0.2
   ㉡ : 0.002

→ ㉠은 ㉡의 **100** 배
→ ㉡은 ㉠을 **100** 으로 똑같이 나눈 것 중의 1

06

0.**5**5**9** (㉠)(㉡)
→ ㉠ : 0.5
   ㉡ : 0.05

→ ㉠은 ㉡의 **10** 배
→ ㉡은 ㉠을 **10** 으로 똑같이 나눈 것 중의 1

개념 마무리 2

빈칸을 알맞게 채우세요.

01

3은 0.03의 **100** 배입니다.

02

5는 0.005의 **1000** 배입니다.

03

0.008은 0.08을 **10** 으로 똑같이 나눈 것 중의 1입니다.

04

0.07은 7을 **100** 으로 똑같이 나눈 것 중의 1입니다.

05

0.2는 0.02의 **10** 배입니다.

06

0.4는 4를 **10** 으로 똑같이 나눈 것 중의 1입니다.

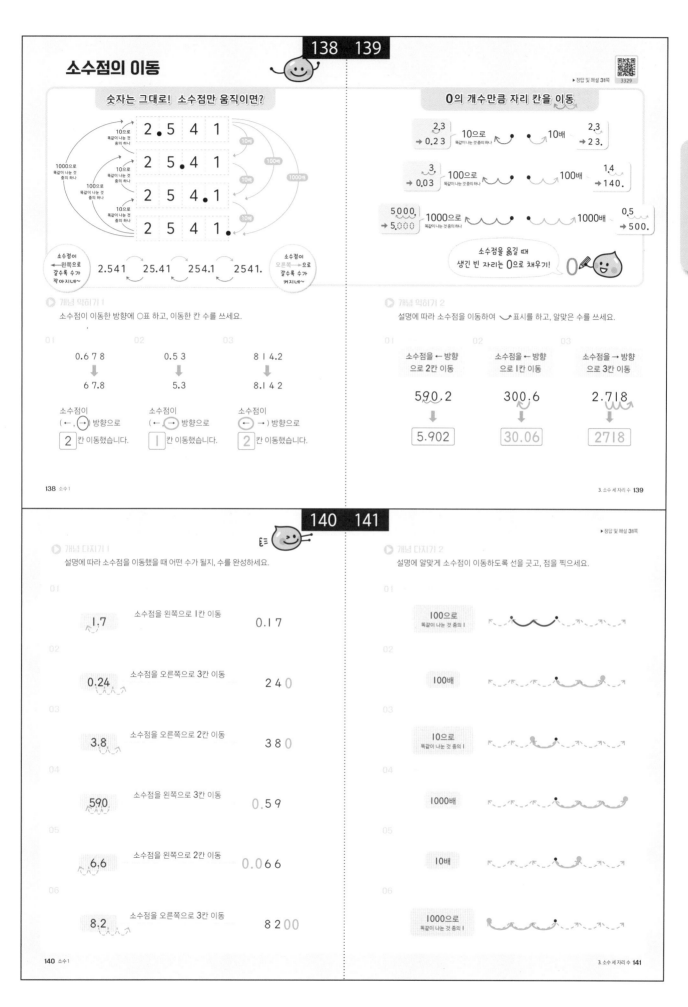

소수점의 이동

▶정답 및 해설 31쪽
3329

숫자는 그대로! 소수점만 움직이면?

2.541
25.41
254.1
2541.

10으로 똑같이 나눈 것 중의 하나
100으로 똑같이 나눈 것 중의 하나
1000으로 똑같이 나눈 것 중의 하나

10배
100배
1000배

소수점이 ← 왼쪽으로 갈수록 수가 작아지네~

소수점이 오른쪽 →으로 갈수록 수가 커지네~

2.541 25.41 254.1 2541.

0의 개수만큼 자리 칸을 이동

2.3 → 0.23 (10으로 똑같이 나눈 것 중의 하나)
2.3 → 23. (10배)

3. → 0.03 (100으로 똑같이 나눈 것 중의 하나)
1.4 → 140. (100배)

5000. → 5.000 (1000으로 똑같이 나눈 것 중의 하나)
0.5 → 500. (1000배)

소수점을 옮길 때 생긴 빈 자리는 0으로 채우기!

▶ **개념 익히기 1**

소수점이 이동한 방향에 ○표 하고, 이동한 칸 수를 쓰세요.

01
0.6 7 8
↓
6 7.8

소수점이
(←, →) 방향으로
2 칸 이동했습니다.

02
0.5 3
↓
5.3

소수점이
(← , →) 방향으로
1 칸 이동했습니다.

03
8 | 4.2
↓
8.| 4 2

소수점이
(← →) 방향으로
2 칸 이동했습니다.

▶ **개념 익히기 2**

설명에 따라 소수점을 이동하여 ⌣표시를 하고, 알맞은 수를 쓰세요.

01
소수점을 ← 방향
으로 2칸 이동

590.2
↓
5.902

02
소수점을 ← 방향
으로 1칸 이동

300.6
↓
30.06

03
소수점을 → 방향
으로 3칸 이동

2.718
↓
2718

▶정답 및 해설 31쪽

▶ **개념 다지기 1**

설명에 따라 소수점을 이동했을 때 어떤 수가 될지, 수를 완성하세요.

01
1.7 소수점을 왼쪽으로 1칸 이동 0.1 7

02
0.24 소수점을 오른쪽으로 3칸 이동 2 4 0

03
3.8 소수점을 오른쪽으로 2칸 이동 3 8 0

04
590 소수점을 왼쪽으로 3칸 이동 0.5 9

05
6.6 소수점을 왼쪽으로 2칸 이동 0.0 6 6

06
8.2 소수점을 오른쪽으로 3칸 이동 8 2 0 0

▶ **개념 다지기 2**

설명에 알맞게 소수점이 이동하도록 선을 긋고, 점을 찍으세요.

01
100으로 똑같이 나눈 것 중의 1

02
100배

03
10으로 똑같이 나눈 것 중의 1

04
1000배

05
10배

06
1000으로 똑같이 나눈 것 중의 1

정답 및 해설 **31**

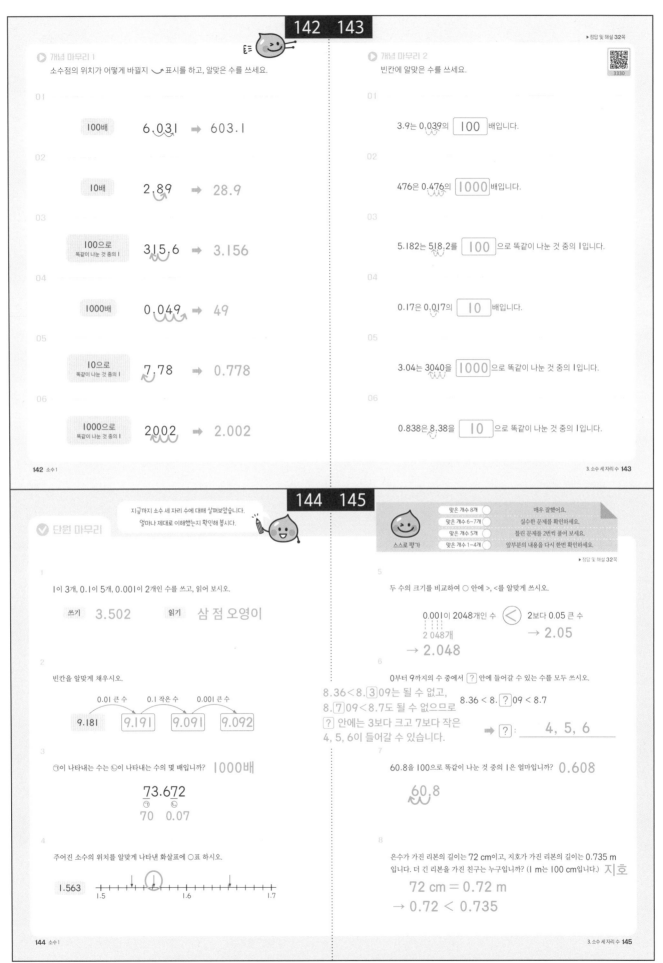

142 143

▶정답 및 해설 32쪽

▶ 개념 마무리 1

소수점의 위치가 어떻게 바뀔지 ⌣ 표시를 하고, 알맞은 수를 쓰세요.

01

| 100배 | 6.031 | ➡ | 603.1 |

02

| 10배 | 2.89 | ➡ | 28.9 |

03

| 100으로
똑같이 나눈 것 중의 1 | 315.6 | ➡ | 3.156 |

04

| 1000배 | 0.049 | ➡ | 49 |

05

| 10으로
똑같이 나눈 것 중의 1 | 7.78 | ➡ | 0.778 |

06

| 1000으로
똑같이 나눈 것 중의 1 | 2002 | ➡ | 2.002 |

142 소수1

▶ 개념 마무리 2

빈칸에 알맞은 수를 쓰세요.

01

3.9는 0.039의 |100| 배입니다.

02

476은 0.476의 |1000| 배입니다.

03

5.182는 518.2를 |100| 으로 똑같이 나눈 것 중의 1입니다.

04

0.17은 0.017의 |10| 배입니다.

05

3.04는 3040을 |1000| 으로 똑같이 나눈 것 중의 1입니다.

06

0.838은 8.38을 |10| 으로 똑같이 나눈 것 중의 1입니다.

3. 소수 세 자리 수 143

144 145

지금까지 소수 세 자리 수에 대해 살펴보았습니다.
얼마나 제대로 이해했는지 확인해 봅시다.

✔ 단원 마무리

1

1이 3개, 0.1이 5개, 0.001이 2개인 수를 쓰고, 읽어 보시오.

쓰기 **3.502**   읽기 **삼 점 오영이**

2

빈칸을 알맞게 채우시오.

0.01 큰 수   0.1 작은 수   0.001 큰 수

9.181 → |9.191| → |9.091| → |9.092|

3

㉠이 나타내는 수는 ㉡이 나타내는 수의 몇 배입니까? **1000배**

73.672
㉠ ㉡
70   0.07

4

주어진 소수의 위치를 알맞게 나타낸 화살표에 ○표 하시오.

1.563

144 소수1

맞은 개수 8개	매우 잘했어요.
맞은 개수 6~7개	실수한 문제를 확인하세요.
맞은 개수 5개	틀린 문제를 2번씩 풀어 보세요.
맞은 개수 1~4개	앞부분의 내용을 다시 한번 확인하세요.

스스로 평가

▶정답 및 해설 32쪽

5

두 수의 크기를 비교하여 ○ 안에 >, <를 알맞게 쓰시오.

0.001이 2048개인 수 ⟨<⟩ 2보다 0.05 큰 수
2 048개   → 2.05
→ 2.048

6

0부터 9까지의 수 중에서 ? 안에 들어갈 수 있는 수를 모두 쓰시오.

8.36<8.?09는 될 수 없고,
8.?09<8.7도 될 수 없으므로   8.36 < 8.?09 < 8.7
? 안에는 3보다 크고 7보다 작은
4, 5, 6이 들어갈 수 있습니다.   ➡ ? :   **4, 5, 6**

7

60.8을 100으로 똑같이 나눈 것 중의 1은 얼마입니까? **0.608**

60.8

8

은수가 가진 리본의 길이는 72 cm이고, 지호가 가진 리본의 길이는 0.735 m
입니다. 더 긴 리본을 가진 친구는 누구입니까? (1 m는 100 cm입니다.) **지호**

72 cm = 0.72 m
→ 0.72 < 0.735

3. 소수 세 자리 수 145

※146쪽 〈서술형으로 확인〉의 답은 정답 및 해설 33쪽에서 확인하세요.

1. 소수 한 자리 수

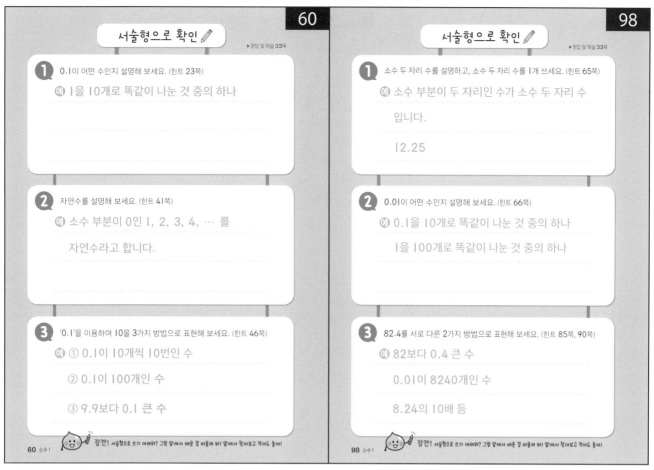

60

서술형으로 확인 ✏️
▶정답 및 해설 33쪽

1 0.1이 어떤 수인지 설명해 보세요. (힌트 23쪽)

예 1을 10개로 똑같이 나눈 것 중의 하나

2 자연수를 설명해 보세요. (힌트 41쪽)

예 소수 부분이 0인 1, 2, 3, 4, … 를 자연수라고 합니다.

3 '0.1'을 이용하여 10을 3가지 방법으로 표현해 보세요. (힌트 46쪽)

예 ① 0.1이 10개씩 10번인 수
② 0.1이 100개인 수
③ 9.9보다 0.1 큰 수

잠깐! 서술형으로 쓰기 어려워? 그럼 앞에서 배운 걸 떠올려 봐! 앞에서 찾아보고 적어도 좋아!

60 소수1

2. 소수 두 자리 수

98

서술형으로 확인 ✏️
▶정답 및 해설 33쪽

1 소수 두 자리 수를 설명하고, 소수 두 자리 수를 1개 쓰세요. (힌트 65쪽)

예 소수 부분이 두 자리인 수가 소수 두 자리 수 입니다.
12.25

2 0.01이 어떤 수인지 설명해 보세요. (힌트 66쪽)

예 0.1을 10개로 똑같이 나눈 것 중의 하나
1을 100개로 똑같이 나눈 것 중의 하나

3 82.4를 서로 다른 2가지 방법으로 표현해 보세요. (힌트 85쪽, 90쪽)

예 82보다 0.4 큰 수
0.01이 8240개인 수
8.24의 10배 등

잠깐! 서술형으로 쓰기 어려워? 그럼 앞에서 배운 걸 떠올려 봐! 앞에서 찾아보고 적어도 좋아!

98 소수1

3. 소수 세 자리 수

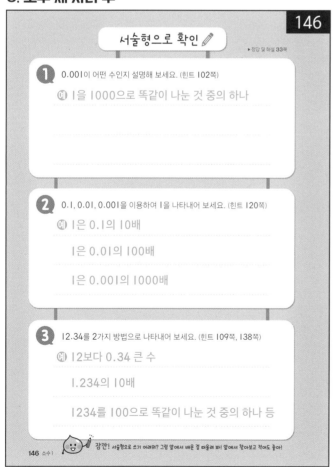

146

서술형으로 확인 ✏️
▶정답 및 해설 33쪽

1 0.001이 어떤 수인지 설명해 보세요. (힌트 102쪽)

예 1을 1000으로 똑같이 나눈 것 중의 하나

2 0.1, 0.01, 0.001을 이용하여 1을 나타내어 보세요. (힌트 120쪽)

예 1은 0.1의 10배
1은 0.01의 100배
1은 0.001의 1000배

3 12.34를 2가지 방법으로 나타내어 보세요. (힌트 109쪽, 138쪽)

예 12보다 0.34 큰 수
1.234의 10배
1234를 100으로 똑같이 나눈 것 중의 하나 등

잠깐! 서술형으로 쓰기 어려워? 그럼 앞에서 배운 걸 떠올려 봐! 앞에서 찾아보고 적어도 좋아!

146 소수1

정답 및 해설

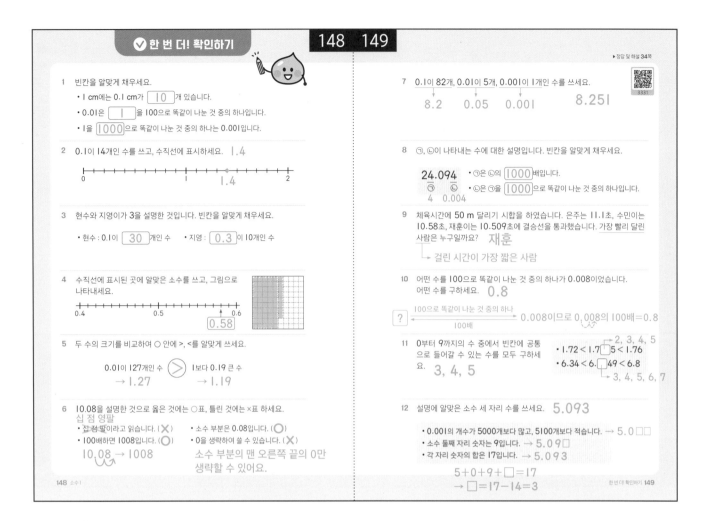

▶정답 및 해설 34쪽

1 빈칸을 알맞게 채우세요.

• 1 cm에는 0.1 cm가 10 개 있습니다.

• 0.01은 1 을 100으로 똑같이 나눈 것 중의 하나입니다.

• 1을 1000 으로 똑같이 나눈 것 중의 하나는 0.001입니다.

2 0.1이 14개인 수를 쓰고, 수직선에 표시하세요. 1.4

0 ——————— 1 ——————— 2
                    1.4

3 현수와 지영이가 3을 설명한 것입니다. 빈칸을 알맞게 채우세요.

• 현수 : 0.1이 30 개인 수   • 지영 : 0.3 이 10개인 수

4 수직선에 표시된 곳에 알맞은 소수를 쓰고, 그림으로 나타내세요.

0.4 ——————— 0.5 ——————— 0.6
                           0.58

5 두 수의 크기를 비교하여 ○ 안에 >, <를 알맞게 쓰세요.

0.01이 127개인 수 > 1보다 0.19 큰 수
→ 1.27   → 1.19

6 10.08을 설명한 것으로 옳은 것에는 ○표, 틀린 것에는 ×표 하세요.
십 점 영팔

• 십 점 팔이라고 읽습니다. (✗)   • 소수 부분은 0.08입니다. (○)

• 100배하면 1008입니다. (○)   • 0을 생략하여 쓸 수 있습니다. (✗)

10.08 → 1008   소수 부분의 맨 오른쪽 끝의 0만
                          생략할 수 있어요.

7 0.1이 82개, 0.01이 5개, 0.001이 1개인 수를 쓰세요.

8.2   0.05   0.001   8.251

8 ㉠, ㉡이 나타내는 수에 대한 설명입니다. 빈칸을 알맞게 채우세요.

24.094   • ㉠은 ㉡의 1000 배입니다.
 ㉠ ㉡
 4 0.004   • ㉡은 ㉠을 1000 으로 똑같이 나눈 것 중의 하나입니다.

9 체육시간에 50 m 달리기 시합을 하였습니다. 은주는 11.1초, 수민이는 10.58초, 재훈이는 10.509초에 결승선을 통과했습니다. 가장 빨리 달린 사람은 누구일까요? 재훈

↳ 걸린 시간이 가장 짧은 사람

10 어떤 수를 100으로 똑같이 나눈 것 중의 하나가 0.008이었습니다. 어떤 수를 구하세요. 0.8

? —100으로 똑같이 나눈 것 중의 하나→ 0.008이므로 0.008의 100배=0.8
      ←————100배————

11 0부터 9까지의 수 중에서 빈칸에 공통으로 들어갈 수 있는 수를 모두 구하세요. 3, 4, 5

• 1.72 < 1.7☐5 < 1.76 → 2, 3, 4, 5

• 6.34 < 6.☐49 < 6.8 → 3, 4, 5, 6, 7

12 설명에 알맞은 소수 세 자리 수를 쓰세요. 5.093

• 0.001의 개수가 5000개보다 많고, 5100개보다 적습니다. → 5.0☐☐

• 소수 둘째 자리 숫자는 9입니다. → 5.09☐

• 각 자리 숫자의 합은 17입니다. → 5.093

5+0+9+☐=17
→ ☐=17-14=3

MEMO

MEMO